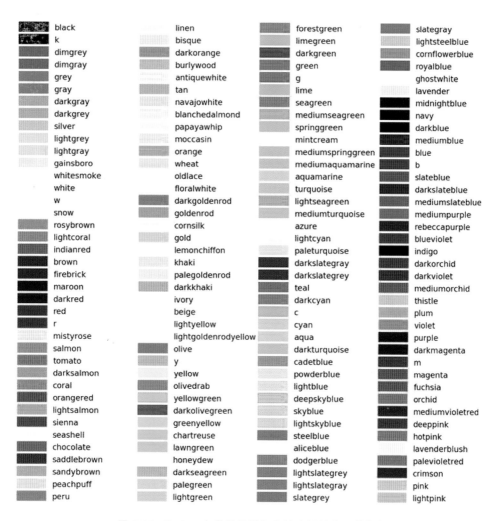

图 6-37 Python 中常用的颜色字符串及其表示的颜色

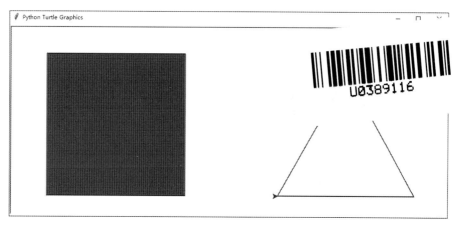

图 6-39(b) 绘制的正方形和等边三角形效果图

图 8-16 3 个词云图例

图 8-18 生成词云图片的内容

Alice.png

图 8-19(b) Alice.png

AliceWord.png

图 8-20(b) AliceWord.png

Python基础教程

（微课视频版）

葛日波 钟建勋 朱志刚 编著

清华大学出版社

北京

内 容 简 介

这是一本面向零基础读者的 Python 程序开发入门书。全书以算法设计为主线，以大量生动有趣的项目案例为依托，以图表、动画、视频、实际操作等多种知识呈现的形式深入浅出地介绍了 Python 程序设计的基本知识和应用技巧。同时，书中还融入了精心设计的思政要素，力求达到传授知识、培养能力和塑造价值的有机融合。

全书共 8 章。主要内容包括 Python 初步、简单程序设计、分支程序设计、循环程序设计、组合数据类型及其应用、函数及其应用、文件及其应用、使用第三方库等。

本书结合作者多年的教学经验编写而成，提供了由教学名师主讲的全程教学视频，配套的电子教案、教学大纲、习题与答案、程序源码等丰富的教学资源，非常方便自学。本书不仅可以作为各类院校及培训机构的教学用书，还可以作为程序设计爱好者自学和参加全国计算机等级考试备考者的参考书。

图书在版编目（CIP）数据

Python 基础教程：微课视频版/葛日波，钟建勋，朱志刚编著. —北京：清华大学出版社，2023.2
（2024.8重印）
（清华开发者学堂）
ISBN 978-7-302-62589-6

Ⅰ．①P… Ⅱ．①葛… ②钟… ③朱… Ⅲ．①软件工具－程序设计 Ⅳ．①TP311.561

中国国家版本馆 CIP 数据核字(2023)第 022859 号

责任编辑：张　玥
封面设计：常雪影
责任校对：韩天竹
责任印制：曹婉颖

出版发行：清华大学出版社
　　　　网　　　址：https://www.tup.com.cn,https://www.wqxuetang.com
　　　　地　　　址：北京清华大学学研大厦 A 座　　　　　　　　邮　　编：100084
　　　　社 总 机：010-83470000　　　　　　　　　　　　　　　邮　　购：010-62786544
　　　　投稿与读者服务：010-62776969，c-service@tup.tsinghua.edu.cn
　　　　质量反馈：010-62772015，zhiliang@tup.tsinghua.edu.cn
　　　　课件下载：https://www.tup.com.cn,010-83470236
印 装 者：三河市铭诚印务有限公司
经　　销：全国新华书店
开　　本：185mm×260mm　　　印　张：15.5　　插　页：1　　字　数：381 千字
版　　次：2023 年 3 月第 1 版　　　　　　　　　　　　印　次：2024 年 8 月第 3 次印刷
定　　价：55.00 元

产品编号：098514-01

Python 语言是近 30 年来程序设计语言领域最重要的成果之一。它的语法简单,功能强大,可以跨平台,可扩展性好,拥有极其丰富的开源库,在业界有着广泛应用。尤其随着大数据、人工智能等新技术的不断演进,Python 语言的优势更加突出,它已经成为当今世界最流行的程序设计语言之一,也是工程技术人员应该掌握的一种重要的程序设计工具。

本书针对应用型人才培养要求,遵循"系统性、逻辑性、渐进性、趣味性、通俗性"原则构建知识单元,强调内容的系统化;注重知识的前后逻辑与关联度;遵循由易到难的思维习惯;突出问题导向和项目驱动,用有趣的程序示例使枯燥的知识实例化、生动化;坚持用通俗的语言把道理讲简单、讲透彻。全书以算法设计为主线,以培养计算思维和编程能力为核心,以方便自学为立足点进行了精心策划,以清晰的概念、大量的图例、丰富的工程用例、多样的呈现手段,深入浅出地系统介绍了 Python 语言的基本内容和程序设计技术。

本书力求实现三个目标:一是在知识构建上使初学者一看就懂,具有一定基础的人看了有提高;二是帮助读者掌握编程的方法与技巧,提高读、编写程序的能力,培养良好的编程习惯;三是融入思政要素,力求将传授知识、培养能力和塑造价值相融合,促进学习者在知识、能力和素质三方面的协调发展。

本书的特点如下。

(1)面向应用,突出算法设计,突出能力培养。

(2)设计新颖,内容精炼,语言简练,通俗易懂。

(3)结构合理,循序渐进,容易理解。

(4)直观、多样、有趣的知识呈现形式,使读者学习更容易。

(5)全程视频讲解和丰富的配套资源有助于学习者巩固和提高。

(6)融入了思政要素,有利于学习者知识、能力、素质协调发展。

本书由葛日波、钟建勋、朱志刚共同完成,由葛日波统稿。本书在出版过程中,得到了广大同事的关心和帮助,同时得到了清华大学出版社的大力支持,在此表示诚挚的感谢。

由于作者水平有限,书中难免有不妥和疏漏之处,恳请各位专家、同仁和读者不吝赐教,并与作者讨论。

作 者

2022 年 8 月于大连

目录

第 3 章　分支程序设计　/69

第1章

Python初步

本章学习目标

- 理解计算机、计算机系统、计算机语言、程序、程序设计、编译、解释、模块、函数、语句、语句块、注释的概念
- 熟悉 Python 语言的发展及特点
- 理解简单 Python 程序的结构
- 掌握 Python 的下载和安装
- 熟练掌握使用 IDLE 上机编程的方法和步骤

本章主要介绍预备知识、Python 语言的发展及特点、Python 程序的结构、Python 的下载与安装、使用 IDLE 上机编程的步骤及方法。

1.1 预备知识

1.1.1 计算机与计算机系统

扫一扫

计算机是 20 世纪人类最重要的发明之一。计算机的诞生和发展不仅引发了新的产业革命，而且催生了互联网、大数据、人工智能、区块链等新的技术及应用，彻底改变了人们的生产和生活方式。无论是运行速度极快的超级计算机，还是大家熟悉的个人计算机、智能手机，再到商务活动中使用的掌上电脑以及各种设备安装的智能电子仪表，都属于计算机的范畴。典型的计算机如图 1-1 所示。

简单地说，计算机是在程序的控制下能够自动完成数据处理的电子设备。构成计算机的电子器件的集合叫作硬件系统。安装到计算机上的程序的集合叫作软件系统。硬件系统和软件系统构成了计算机系统。

超级计算机　　　　个人计算机　　　　智能手机

掌上计算机　　　　智能电子仪表

图 1-1　典型的计算机

1. 计算机硬件系统

依据冯·诺依曼提出的计算机结构理论,硬件系统由运算器、控制器、存储器、输入设备和输出设备五部分组成。其中运算器和控制器一起构成了计算机的核心部件中央处理器(center processing unit,CPU)。存储器包括主存储器和辅助存储器两部分,主存储器也叫作内存。在计算机的硬件里,CPU 是核心部件,程序的执行、数据的处理都要由它来完成。计算机正在执行的程序代码以及程序要处理的数据都存储在内存中。由于电子器件只有通、断两种状态,分别对应着数字 1 和 0,这就从根本上决定了计算机只能识别由 1、0 两个数字组成的二进制码,也叫作机器码。

2. 计算机软件系统

根据软件的作用,软件系统分为系统软件和应用软件两类。在系统软件里,比较重要的有操作系统、语言处理程序和数据库管理系统。其中最重要的是操作系统,因为计算机的硬件以及安装到计算机上的软件都由它来管理。目前,主流的操作系统有 Windows、Linux、UNIX 等。语言处理程序和数据库管理系统是使用计算机开发软件的工具。目前,主流的语言处理程序包括 C、C++、Java、Python 等;主流的数据管理系统有 Oracle、SQL Server、MySQL 等。

应用软件是为了满足不同领域的应用而开发的软件,比如字处理软件 Word 与 WPS、电子表格处理软件 Excel、图像处理软件 Photoshop、学校的"学籍管理系统"、医院的"医疗管理系统"、公安部门的"户籍管理系统"等。

▶▶▶ 透过现象看本质

当今世界,无论是计算机硬件还是软件,绝大多数关键和核心技术都掌握在美国手里。近些年,我国在包括计算机技术在内的高端技术领域取得了重大发展。美国对我国接连发起的贸易战,其实质就是想遏制我国在高端技术领域的快速发展,破坏我国迅猛崛起的局面。作为中国青年一代,必须牢固树立"强国有我"的意识,发奋学习,勤奋钻研,努力把自己打造成为国家的有用之才。

　　图 1-2 从程序开发者的视角展示了计算机系统的组成以及运行情况。要使用计算机开发程序,首先要把计算机的各个部件组装起来,之后安装合适的操作系统,再安装所需的语言处理程序和数据库管理系统。完成上述工作后,就可以使用计算机开发各种各样的应用程序,满足不同行业的人们处理不同业务的需求。从程序开发者的视角来看,操作系统是程序开发的平台,如果一种语言处理程序可以安装在不同操作系统上使用,这种语言就是可以跨平台的。从程序使用者的角度来看,操作系统是程序运行的平台,在一个平台上开发的程序,可以很容易地部署到其他操作系统上使用,就说这种程序的可移植性好。

图 1-2　程序开发者视角下的计算机系统结构

>>> **计算机科学家简介**

　　约翰·冯·诺依曼(John von Neumann,1903 年 12 月—1957 年 2 月),美籍匈牙利数学家、计算机科学家、物理学家。他是罗兰大学数学博士,是现代计算机、博弈论、核武器和生化武器等领域内的科学全才之一。鉴于冯·诺依曼在发明电子计算机中所起的关键性作用,他被西方人誉为"计算机之父"。他在经济学方面也有突破性成就,被誉为"博弈论之父"。

1.1.2　程序与程序设计

　　程序是控制计算机完成指定任务的指令的集合。程序中的指令也叫作代码或程序代码。从存在的形式上来说,程序是一种可以控制计算机运行的特殊文件。

　　程序设计与程序完全不同。程序设计也叫作程序开发或编程序。它是针对特定的问题,从分析、构思入手一直到生成程序的整个过程。程序设计的核心是算法设计。算法设计的问题在 2.5 节介绍。

　　程序设计不是随意的,是有方法可循的。面向过程的程序设计和面向对象的程序设计是普遍采用的两种程序设计方法。本书重点讨论面向过程的程序设计方法。

扫一扫

1.1.3　计算机语言概述

用来编写程序的语言叫作计算机语言。计算机语言也叫程序设计语言或者编程语言。伴随着计算机的发展,计算机语言经历了机器语言、汇编语言和高级语言三个发展阶段。

1. 机器语言

机器语言是直接依附于计算机硬件的语言,它使用 0、1 构成的机器码编写程序。求两个整数和的机器语言程序代码如图 1-3 所示。

机器语言的最大优点是可以直接被计算机识别和执行,所以运行的速度快。缺点是理解和记忆困难,一旦出现错误,查找和修改也很困难。

2. 汇编语言

汇编语言是为了方便记忆而引入了助记符的计算机语言。使用汇编语言编写的求两个整数和的程序代码如图 1-4 所示,其中 MOV 和 ADD 都是助记符。

```
0001 0101 01101100
0001 0110 01101101
0101 0000 01010110
0011 0000 01101110
```

```
MOV r5, x
ADD  r5, y
MOV  z, r5
```

图 1-3　求两个整数和的机器语言程序　　　图 1-4　求两个整数和的汇编语言源程序

使用汇编语言编写的程序叫作汇编语言源程序。由于使用了助记符,所以汇编语言源程序必须翻译成机器码才能够被计算机执行。被翻译成的机器码程序叫作目标程序。负责翻译的程序叫作汇编程序或者汇编器。汇编语言本质上是引入了助记符的机器语言,也与计算机硬件直接相关,理解和掌握也比较困难。

3. 高级语言

高级语言与机器语言、汇编语言完全不同,它与计算机的硬件无关,接近于人们的自然语言。Python 语言就是一种高级语言。求两个整数和的 Python 语言源程序如图 1-5 所示,只有一行代码,是一个简单的数学公式。

```
z = x + y
```

图 1-5　求两个整数和的 Python
　　　语言源程序

使用高级语言编写的程序叫作高级语言源程序,高级语言源程序也必须翻译成目标程序才能被计算机执行。使用高级语言编写程序,代码得到简化,很容易被人们理解和掌握。

根据翻译和执行的机制不同,高级语言又分为静态语言和脚本语言两类。

(1) 静态语言。

静态语言采用编译的方式执行。编译执行的过程如图 1-6(a)所示。首先高级语言的源程序文件通过编译器被翻译成使用机器语言表示的目标文件,之后系统可以随时执行目标文件,接收输入的数据,输出相应的结果。当前主流的高级语言中,C、C++、Java 都是静态语言,如图 1-6(b)所示。

(2) 脚本语言。

脚本语言采用解释的方式执行。解释执行的过程如图 1-7(a)所示。执行时,系统把源

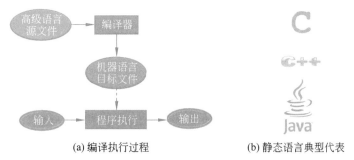

(a) 编译执行过程 (b) 静态语言典型代表

图 1-6　编译执行过程及静态语言典型代表

程序连同输入的数据送给解释器,解释器逐条翻译,逐条执行,输出处理结果,直到所有代码执行完毕为止。在当前主流的高级语言中,JavaScript、PHP、Python 都是脚本语言,如图 1-7(b)所示。

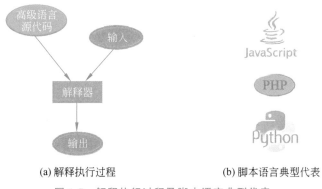

(a) 解释执行过程 (b) 脚本语言典型代表

图 1-7　解释执行过程及脚本语言典型代表

对比两种执行方式可以看出,编译方式是把源程序文件一次性地翻译成目标文件,程序运行时不再需要源程序和编译器的参与。解释方式则是逐条翻译,逐条执行,每次都需要源程序和解释器的参与,所以编译执行比解释执行的速度快。Python 语言采用解释的方式执行,不过它的解释器也具有编译器的部分功能,也就是说它具有解释和编译的双重特性,这就在一定程度上克服了其程序运行速度不够快的缺点。

1.2　Python 语言简介

1.2.1　Python 语言的由来与发展

扫一扫

　　Python 语言是由荷兰程序员吉多·范罗苏姆(Guido van Rossum)于 1989 年圣诞节开始研发,1990 年正式诞生。Python 一词的中文意思是蟒蛇。之所以取名 Python,是因为它的创立者对英国 BBC 公司热播的一档电视喜剧——蒙提派森的飞行马戏团(Monty Python's flying circus)非常着迷,于是就取了其中的一个单词 Python 作为该语言的名字。

　　Python 语言从诞生到现在已有 30 余年的时间,先后经历了几个重要的发展阶段。

- 1991 年，Python 的第一个可用版本诞生。
- 2000 年 10 月，Python 2.0 版本发布，标志着 Python 更加成熟。之后又相继推出了 2.1 到 2.6 几个版本，进入 Python 广泛应用的阶段。
- 2008 年 12 月，Python 3.0 版本发布，这一版本在技术上实现了颠覆性变革，语法上不再兼容以前的 2.x 系列。
- 2010 年，Python 2.x 系列的最后一个版本 2.7 发布，终结了 2.x 系列的发展。2.x 系列逐渐退出了历史舞台，3.x 系列成为了 Python 语言的主流。

本书采用的 Python 版本是 3.8.9。

1.2.2　Python 语言的特点

同其他高级语言相比，Python 语言具有以下几个显著优点。

（1）开源免费。

任何人可以自由下载、发布 Python 的副本，可以对它进行修改或者把它用到新的软件中。

（2）简单易学。

Python 是一种推行"简单主义"思想的语言，具有非常简单的语法和使用说明文档，学习起来很容易。

（3）开发效率高。

Python 不仅拥有丰富的内部库，还可以下载和安装第三方库。这些库可以被编程人员直接使用，不需要自己编写代码，大大减少编程人员的工作量，提高开发效率。

（4）高度的可扩展性。

Python 允许把使用其他语言，如 C、C++、Java 编写的代码嵌入自己的程序中，也允许把 Python 程序集成到其他语言编写的程序中。基于 Python 语言的这一特点，人们形象地把它称作"胶水语言"。

（5）完美的可移植性。

由于 Python 具有开源本质，使得使用 Python 编写的程序可以很容易地移植到任何一款主流操作系统上运行。

（6）用途十分广泛。

Python 不仅拥有丰富的内部库，而且支持第三方库，被广泛应用于 Web 和 Internet 开发、桌面界面开发、应用软件及后端开发、科学计算与统计、自动控制与运维以及人工智能等众多领域。

Python 不是十全十美的，它存在以下两点不足。

（1）语法过于严格。

Python 使用强制缩进表示语句的包含和层次关系。这种强制性的缩进格式往往令初学者，尤其是习惯使用 C、C++、Java 的人感到不适应，甚至有些困惑。

（2）运行的速度不够快。

Python 是一种解释型语言，尽管它的解释器也兼有编译器的一些特性，对提高运行速度做了一些努力，不过使用它编写的程序还是没有使用 C、C++、Java 等语言编写的程序运行速度快。

经过不断的完善和发展,Python 语言已经成为当今世界最受欢迎的程序设计语言之一。目前,程序开发界广泛流传着一句很时髦的话——"人生苦短,我用 Python",充分展现了人们对 Python 的喜欢程度。根据互联网上的数据,2021 年 10 月,Python 在 TIOBE 最受欢迎的语言排行榜中已经超过了 Java 和 C,跃居到了榜首位置,这充分说明了 Python 语言的火爆程度和光明的应用前景。2021 年 10 月,TIOBE 最受欢迎的语言排行榜如图 1-8 所示。

2021.10	2020.10	升降情况	程序设计语言	比率%	变化率/%
1	3	∧	Python	11.27	-0.00
2	1	∨	C	11.16	-5.79
3	2	∨	Java	10.46	-2.11
4	4		C++	7.50	+0.57
5	5		C#	5.26	+1.10
6	6		Visual Basic	5.24	+1.27
7	7		JavaScript	2.19	+0.05
8	10	∧	SQL	2.17	+0.61

图 1-8　2021 年 10 月 TIOBE 最受欢迎的语言排行榜

▶▶▶ Python 成功背后的启示

吉多·范罗苏姆(Guido van Rossum)与他的团队在研发 Python 上取得的成功给我们带来了重要的人生启迪——世界上没有无缘无故的成功,每一项成功的背后都蕴含着勇于探索、大胆创新、追求卓越的伟大精神。作为年青的一代,在学习和工作中,要学习和发扬这种精神,用实际行动去创造属于自己的辉煌,奉献国家,造福人类。

1.3　Python 程序的结构

1.3.1　4 个简单的 Python 程序

扫一扫

Python 源程序文件的扩展名是 py,此类文件也叫作模块。

第 1 个程序实现在屏幕上输出"人生苦短,我用 Python"的信息。该程序的源文件只有一个 prg1.py,其图标如图 1-9(a)所示,程序代码如图 1-9(b)所示。

该程序只有一行代码,也叫作一条语句,它以回车换行符结束,通过调用内置函数 print 实现了信息的输出。该程序的运行效果如图 1-9(c)所示。有关 print 函数的知识在 2.5.1 节介绍。

prg1.py

```
File Edit Format Run Options Window Help
1 print("人生苦短,我用Python")
2
```

(a) 程序图标   (b) 程序代码

```
人生苦短,我用Python
>>> |
```

(c) 运行效果

图 1-9   输出指定信息的程序

第 2 个程序实现求指定半径的圆的周长和面积,并输出。该程序的源文件只有一个 prg2.py,其图标如图 1-10(a)所示,程序代码如图 1-10(b)所示。

在该程序中,第 2 行和第 5 行是为了增强程序的层次性和可读性人为添加的两个空白行,解释器在翻译的时候会把这些空白行略去。程序共包含 6 条语句,前面 3 条语句是为了存储半径、周长和面积,定义了 3 个名字分别为 r、l、s 的变量,同时使用赋值运算符"="把相应的数据存储到了 3 个变量中;第 3~4 行各包含一个算式,分别用来求圆的周长和面积,这种算式叫作表达式;后面的 3 条语句是调用 print 函数输出了半径、周长和面积。该程序的运行效果如图 1-10(c)所示。有关变量的知识在 2.2.4 节介绍。有关运算符和表达式的知识在 2.3.1 节介绍。

prg2.py

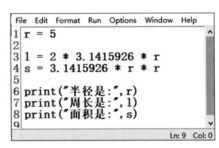

```
File Edit Format Run Options Window Help
1 r = 5
2
3 l = 2 * 3.1415926 * r
4 s = 3.1415926 * r * r
5
6 print("半径是:", r)
7 print("周长是:", l)
8 print("面积是:", s)
9                                    Ln: 9  Col: 0
```

(a) 程序图标   (b) 程序代码

```
半径是: 5
周长是: 31.415926
面积是: 78.539815
>>>
```

(c) 运行效果

图 1-10   求圆的周长和面积输出的程序

第 3 个程序实现求给定正数的算术平方根,并输出。该程序的源文件只有一个 prg3.py,其图标如图 1-11(a)所示,程序代码如图 1-11(b)所示。

Python 提供了一个名字为 math 的库模块,该模块有一个用来求算术平方根的函数

sqrt,要调用这个函数,就必须把这个模块引入程序中。第 1 行是引入 math 模块的语句。在该语句的后面,使用♯开头的部分是为其添加的注释。第 2 条语句定义了变量 x,并给它赋了初始值。第 3 条语句定义了变量 y,通过调用 math 模块里的 sqrt 函数求出了 x 的算术平方根,把结果存到了 y 中。该语句的后面也加了注释。最后一条语句输出了 x 和 y 的值。该程序的运行效果如图 1-11(c)所示。有关 math 库模块的知识在 3.2.4 节介绍。

(a) 程序图标

```
File  Edit  Format  Run  Options  Window  Help
1  import math   #引入库模块math
2
3  x = 2
4  y = math. sqrt(x)   #调用求平方根函数sqrt
5
6  print(x,"的算术平方根是:",y)
7
                                            Ln: 7  Col: 0
```

(b) 程序代码

```
2 的算术平方根是: 1.4142135623730951
>>>
```

(c) 运行效果

图 1-11　求给定正数算术平方根输出的程序

第 4 个程序实现求输入两个数的和,输出求和公式。和前面 3 个程序不同的是,这个程序里面包含了两个源程序文件,也就是包含了两个模块,分别是 prg5.py 和 prg4.py,图标如图 1-12(a)所示。

模块 prg5.py 的代码如图 1-12(b)所示。该模块定义了一个用来求两个数和的 add 函数。模块 prg4.py 的代码如图 1-12(c)所示。该模块共有 12 行代码,其中前 3 行是使用另一种格式给程序加的注释;第 5 行是为了调用 prg5.py 里的 add 函数而引入该函数的语句;

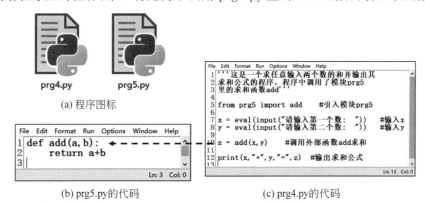

(a) 程序图标

```
File  Edit  Format  Run  Options  Window  Help
1  def add(a,b):
2      return a+b
3
                                            Ln: 3  Col: 0
```

(b) prg5.py的代码

```
File  Edit  Format  Run  Options  Window  Help
1  '''这是一个求任意输入两个数的和并输出其
2  求和公式的程序,程序中调用了模块prg5
3  里的求和函数add'''
4
5  from prg5 import add   #引入模块prg5
6
7  x = eval(input("请输入第一个数: "))   #输入x
8  y = eval(input("请输入第二个数: "))   #输入y
9
10 z = add(x,y)   #调用外部函数add求和
11
12 print(x,"+",y,"=",z)   #输出求和公式
                                            Ln: 13  Col: 0
```

(c) prg4.py的代码

```
请输入第一个数: 10.5
请输入第二个数: 200
10.5 + 200 = 210.5
>>>
```

(d) 运行效果

图 1-12　输出两个数求和公式的程序

第 7 行和第 8 行分别定义了变量 x 和 y,并通过调用内置函数 input 和 eval 把从键盘上输入的内容转换成数值,并存储到两个变量中;第 10 行定义了变量 z,调用 add 函数求出 x 与 y 的和,把结果存到 z 中;最后一行通过调用 print 函数输出求和公式。该程序的运行效果如图 1-12(d)所示。有关 input 和 eval 函数的知识在 2.5.1 节介绍。有关函数定义和调用的知识将在 6.1 节介绍。

1.3.2 Python 程序的模块及引用

扫一扫

1. 模块及其分类

通过前面 4 个程序不难看出,一个简单的 Python 程序是由一个或多个模块组成的,一个模块对应一个扩展名为 py 的源程序文件。

根据来源不同,模块分为自定义模块、库模块和第三方模块 3 种类型。

自定义模块是编程者自己编写的模块。1.3.1 节介绍的 4 个程序里的 prg1.py~prg5.py 都是自定义模块。库模块是伴随着 Python 的安装而安装到本机上的模块。1.3.1 节介绍的第 3 个程序中的 math 模块就是一个库模块。第三方模块是需要单独下载和安装到本机上的模块。1.3.1 节介绍的 4 个程序例子没有涉及第三方模块。第三方模块将在第 8 章介绍。

与简单的程序相比,复杂的 Python 程序除了模块之外还有包的概念。复杂程序的结构在 6.1.1 节介绍。

2. 模块的引用

模块之间通过引用可以实现代码共享。一个模块通过引入其他模块就可以调用这些模块中的函数来实现相应的功能。

在 Python 中,引用模块有以下 5 种常用格式。

(1) 格式 1:import 模块名。

该格式将指定模块里的所有函数都引入程序中,被引入模块里的所有函数都可以被调用。函数调用的格式如下。

模块名.函数名([参数列表])

图 1-13 所示的程序就是使用这种格式引入了 math 模块,之后通过模块名 math 调用了 sqrt 函数。第 1 行是引入 math 模块的语句,第 4 行是调用 sqrt 函数的语句。

```
File  Edit  Format  Run  Options  Window  Help
1 import math    #引入库模块math
2
3 x = 2
4 y = math.sqrt(x)    #调用求平方根函数sqrt
5
6 print(x,"的算术平方根是:",y)
7
```

```
============================ RESTART:
2 的算术平方根是: 1.4142135623730951
>>> |
```

(a) 程序代码　　　　　　　　　　　(b) 运行效果

图 1-13　使用第 1 种格式引入 math 模块的程序及运行情况

(2) 格式 2:import 模块名 as 别名。

该格式将指定模块里的所有函数都引入程序中,被引入模块里的所有函数都可以被调用。函数调用的格式如下。

```
别名.函数名([参数列表])
```

图 1-14 所示的程序就是使用这种格式引入了 math 模块，并给它指定了别名 M，之后通过别名 M 调用了 sqrt 函数。第 1 行是引入 math 模块的语句，第 4 行是调用 sqrt 函数的语句。

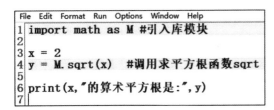

(a) 程序代码　　　　　　　　　　　(b) 运行效果

图 1-14　使用第 2 种格式引入 math 模块的程序及运行情况

（3）格式 3：from 模块名 import *。

该格式将指定模块里的所有函数都引入程序中，被引入模块里的所有函数都可以被调用。此时，函数调用的方法大大简化，可以通过函数名直接调用。

图 1-15 所示的程序就是使用这种格式引入了 math 模块中的所有函数，之后直接通过函数名 sqrt 调用了该函数。第 1 行是引入 math 模块的语句，第 4 行是调用 sqrt 函数的语句。

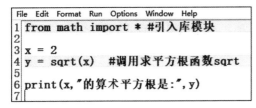

(a) 程序代码　　　　　　　　　　　(b) 运行效果

图 1-15　使用第 3 种格式引入 math 模块的程序及运行情况

（4）格式 4：from 模块名 import 函数名。

该格式将指定模块里的指定函数引入程序中，只有该函数可以被调用。函数的调用格式与第 3 种引入格式相同，通过函数名直接调用。

图 1-16 所示的程序就是使用这种格式引入了 math 模块中的 sqrt 函数，之后直接通过函数名调用了该函数。第 1 行是引入 math 模块的语句，第 4 行是调用 sqrt 函数的语句。

（5）格式 5：from 模块名 import 函数名 as 别名。

该格式将指定模块里的指定函数引入程序中，并给它指定了一个别名。程序中只能通过别名调用这一个函数。

图 1-17 所示的程序就是使用这种格式引入了 math 模块中的 sqrt 函数，并给它指定了别名 squareroot，之后通别名调用了该函数。第 1 行是引入 math 模块的语句，第 4 行是调用 sqrt 函数的语句。

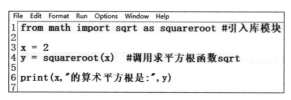

```
File Edit Format Run Options Window Help
1 from math import sqrt #引入库模块
2
3 x = 2
4 y = sqrt(x)   #调用求平方根函数sqrt
5
6 print(x,"的算术平方根是:", y)
7
```

```
=============================== RESTART:
2 的算术平方根是: 1.4142135623730951
>>> |
```

(a) 程序代码　　　　　　　　　(b) 运行效果

图 1-16　使用第 4 种格式引入 math 模块的程序及运行情况

```
File Edit Format Run Options Window Help
1 from math import sqrt as squareroot #引入库模块
2
3 x = 2
4 y = squareroot(x)   #调用求平方根函数sqrt
5
6 print(x,"的算术平方根是:", y)
7
```

```
=============================== RESTART:
2 的算术平方根是: 1.4142135623730951
>>> |
```

(a) 程序代码　　　　　　　　　(b) 运行效果

图 1-17　使用第 5 种格式引入 math 模块的程序及运行情况

给程序中的对象指定别名是许多语言都支持的,也是编程时经常采用的一种做法。这样做的目的主要有以下两点。

（1）增强程序的可读性。

有些函数原有的名字可能不是完整的英文单词,像前面讨论的 sqrt 函数,它实际上是英文单词 square root 的缩写。使用缩写的名字物理意义不够清晰,使程序的可读性受到了影响。如果给它指定一个意义更加明确的别名,使用后会使程序的可读性增强。

（2）书写方便。

有些函数原来的名字可能比较长,使用起来不方便。如果给它指定一个短一些的别名,使用起来就会方便一些。

扫一扫

1.3.3　Python 程序中的函数

函数是可以被单独执行的命名代码段。函数的执行通过调用实现。函数调用的一般格式如下。

函数名([参数列表])

参数列表是使用逗号隔开的多个参数的序列。如果没有参数,括号里应该保持为空。

根据来源不同,Python 中的函数分为内置函数、标准库函数、第三方库函数和自定义函数 4 种。

1. 内置函数

内置函数是 Python 内部固有的函数。内置函数不需要引入,可以直接在程序里使用。1.3.1 节介绍的 4 个程序中用到的 print、input、eval 都是内置函数。Python 中的内置函数如表 1-1 所示。它们的具体用法可以查阅帮助文档。

表 1-1 Python 中的内置函数

abs	divmod	input	open	staticmethod
all	enumerate	int	ord	str
any	eval	isinstance	pow	sum
basestring	execfile	issubclass	print	super
bin	file	iter	property	tuple
bool	filter	len	range	type
bytearray	float	list	raw_input	unichr
callable	format	locals	reduce	unicode
chr	frozenset	long	reload	vars
classmethod	getattr	map	repr	xrange
cmp	globals	max	reverse	zip
compile	hasattr	memoryview	round	__import__
complex	hash	min	set	
delattr	help	next	setattr	

2. 标准库函数

标准库函数是伴随着 Python 而安装到本机上的库模块里的函数。1.3.1 节介绍的 4 个程序中的 sqrt 函数就是标准库函数。这些函数必须先引入,然后才可以调用。常用的几个标准库以及函数在后续章节里陆续介绍。

3. 第三方库函数

第三方库函数是需要单独下载、安装的第三方库里的函数。这类函数也必须先引入后调用。1.3.1 节介绍的 4 个程序中没有涉及第三方库函数。

4. 自定义函数

自定义函数是编程者自己定义的函数。对于这类函数,如果是在其定义的模块内部调用,则不需要引入,否则就必须要先引入后调用。自定义函数将在第 6 章介绍。

1.3.4 Python 程序的语句与语句块

1. 语句

语句是可以被解释器翻译和执行的基本单位。Python 中的语句主要包括赋值语句、输入输出语句、表达式语句、流程控制语句、函数定义及调用语句、文件操作语句等。

Python 中的语句以回车换行符结束。一般采用一行一条语句的书写格式。如果要把多条语句写在一行,语句之间必须用分号(;)断开。如果一条语句过长,一行写不下,也可以使用反斜杠(\)续行。在图 1-18 所示的程序中,第 7 行是把两条语句写在了一行上,语句之间使用分号(;)断开。第 9~15 行实质上是一条语句,由于这条语句太长,如果写成一行,一屏很难完整显示,会给编程者浏览和修改代码带来困难,所以在书写的时候,在语句的内部使用反斜杠(\)写成了多行的形式。

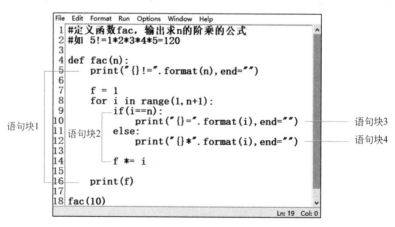

图 1-18　Python 语句及其书写格式

2. 语句块

语句块是具有相同缩进量的一条或多条语句。缩进是语句开始前的空白区域。增加缩进表示语句块的开始,减少缩进表示语句块的结束。

在图 1-19 所示的程序中,第 5 行与第 16 行的缩进量相同,因此它们之间构成了一个语句块,称为"语句块 1"。第 9 行和第 14 行的缩进量相同,所以它们之间也构成了一个语句块,称为"语句块 2"。很显然,"语句块 2"包含在了"语句块 1"中。由于第 10 行和第 12 行分别与各自前后相邻代码的缩进量不同,所以它们是单独的语句块,分别称为"语句块 3""语句块 4"。很显然,"语句块 3"和"语句块 4"包含在了"语句块 2"中。

图 1-19　语句块及书写格式

1.3.5　Python 程序中的注释

注释是为了增强程序的可读性而添加的说明性信息。解释器在翻译执行程序时会把注释部分过滤掉。Python 程序中的注释有单行注释和多行注释两种形式。

1. 单行注释

单行注释的格式如下。

```
#注释内容
```

单行注释一般放在一行的开始或一条语句的后面，用于对程序的局部作说明。

2. 多行注释

多行注释是使用一对三个连写的单引号或双引号把注释的内容括起来。多行注释的格式如下。

```
'''
    注释内容
    注释内容
    ...
'''
```

或

```
"""
    注释内容
    注释内容
    ...
"""
```

多行注释一般放在程序开始的位置，用于对整个程序的情况（如编写者、编写的时间、程序的功能、程序的版本等）进行说明。

图 1-20 所示的程序中既有多行注释，又有单行注释。其中，第 1～3 行是多行注释。第 5 行、第 7 行、第 8 行、第 10 行、第 12 行后面都加了单行注释。

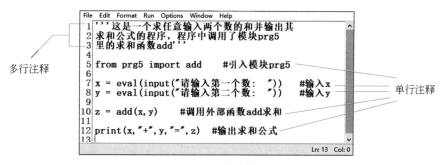

图 1-20　程序中的注释

1.3.6　Python 程序的缩进

Python 程序在书写上采用严格的缩进表示程序的逻辑、语句之间的包含及层次关系。用这种方法强制编程者必须遵循良好的编程习惯。因为在书写程序时，如果不该缩进的缩进了，或者应该缩进的未缩进，都会引发翻译错误，导致程序无法运行。

在实际编程时，缩进既可以使用 Tab 键实现，也可以使用多个空格键实现，但两者不能混用。本书建议使用 Tab 键增加缩进，使用 Backspace 键减少缩进，以免引发人为的格式错误，影响程序的执行。

Python 通过严格的缩进强制编程者必须遵循编程规则的做法,不仅对编程者有意义,而且对每一个社会公民都同样适用。无论什么人,从事什么行业,身处什么位置,都必须养成遵纪守法、按章办事的习惯。只有这样才能形成良好的社会环境,确保社会正常运转,真正实现法治中国建设。

1.4 使用 Python 上机编程

1.4.1 Python 的下载与安装

1. 安装平台与版本

本书使用 Windows 10 操作系统作为安装平台,Python 3.8.9 作为操作版本。之所以没有选择最新发布的版本,主要考虑在实际编程时,不仅要使用 Python 自身的功能,而且还需要借助第三方模块的支持来实现一些特殊的功能。第三方模块的更新往往滞后于 Python 自身版本的更新,如果安装最新版本,就可能出现要使用的第三方模块无法正常下载和安装的情况。

2. 下载和安装 Python 3.8.9

首先打开浏览器,在地址栏中输入 www.Python.org,打开 Python 的官方主页,如图 1-21 所示。

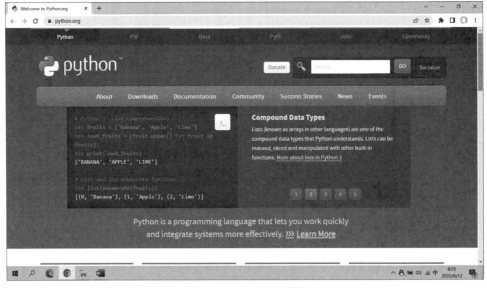

图 1-21 Python 官方主页

单击 Downloads 导航栏，在其中选择 Windows 选项，打开下载页面，如图 1-22 所示。

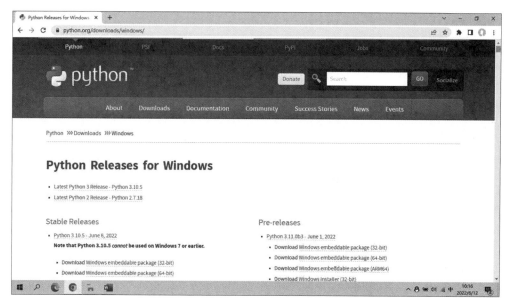

图 1-22　打开下载页面

向下翻阅页面，找到 Python 3.8.9 所在的位置，单击 Download Windows installer（64-bit）选项即可下载安装文件，如图 1-23 所示。

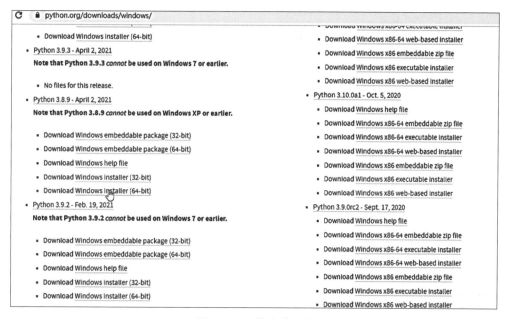

图 1-23　下载安装文件

下载完成后，回到计算机桌面。单击"此电脑"→"下载"，打开"下载"窗口，可以看到已经下载到本机的 Python 3.8.9 安装程序，如图 1-24 所示。

双击 python-3.8.9-amd64.exe 文件图标，就可以启动安装程序，安装开始窗口如图 1-25 所示。

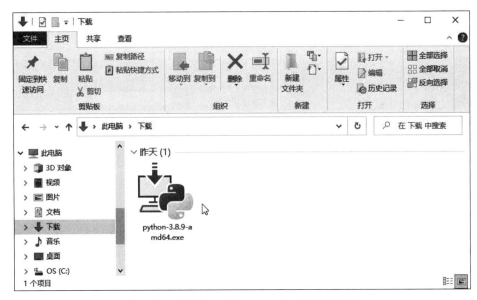

图 1-24　下载到本机的 Python 3.8.9 安装程序

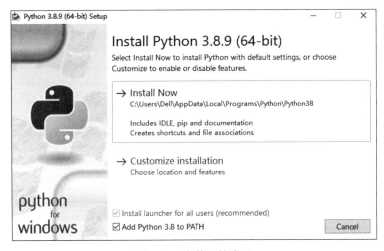

图 1-25　安装开始窗口

选中窗口下方的 Add Python 3.8 to PATH 选项。注意,此选项一定要设置成选中状态,否则就会影响 Python 的正常运行。之后单击上方的 Install Now,系统开始安装并显示安装进度,如图 1-26 所示。

系统提示安装成功,如图 1-27 所示。单击 Close 按钮关闭窗口,Python 3.8.9 的安装完成。

Python 安装完成后,可以采用以下的简单方法检测安装是否成功。首先按下 Win＋R 键打开运行对话框,在输入框中输入 cmd 命令,如图 1-28(a)所示。按回车键打开命令窗口,如图 1-28(b)所示。

在命令行输入 python 命令后按回车键,如果出现图 1-29 所示的内容,说明已经成功安装。

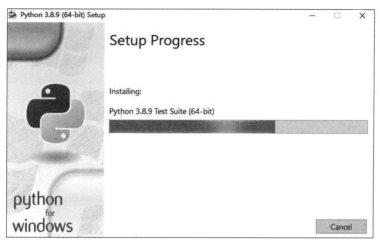

图 1-26 安装进度窗口

图 1-27 安装完成窗口

(a) 运行对话框

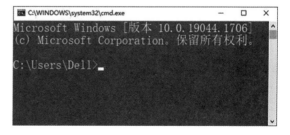

(b) 命令窗口

图 1-28 通过运行对话框打开命令窗口

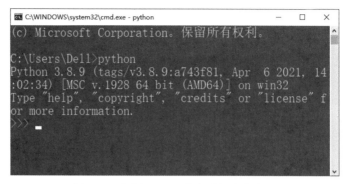

图 1-29　执行 Python 命令后的命令窗口

1.4.2　使用"开始"菜单里的启动栏

Python 成功安装以后,"开始"菜单里会生成一个默认的文件夹 Python 3.8,里面包含 4 个启动项,如图 1-30 所示。

自上而下浏览这 4 个启动项,第 1 项可以打开 IDLE 窗口;第 2 项可以打开"命令交互窗口";第 3 项可以打开"帮助窗口";第 4 项可以打开"模块介绍窗口"。图 1-31 给出了打开的 4 个窗口的运行效果图。其中"IDLE 窗口"和"命令交互窗口"是用来编程的地方;"帮助窗口"是获得帮助的地方;"模块介绍窗口"是以网页和超链接的形式给出了 Python 内部各模块及函数的使用说明,以方便编程者查阅。

图 1-30　"开始"菜单里的文件夹

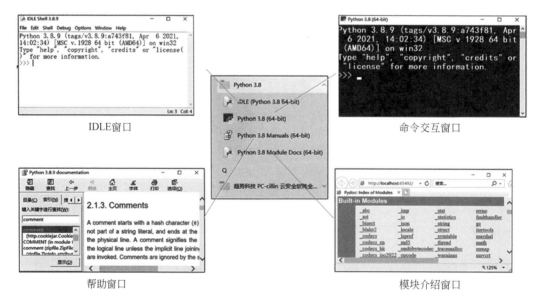

图 1-31　启动栏与打开的窗口

扫一扫

1.4.3　IDLE 简介

IDLE(integrated development and learning environment,集成开发和学习环境)是 Python 自带的集成开发工具包,伴随 Python 的安装而自动安装。使用 IDLE 可以完成程序的录入、翻译和执行的整个过程,具有功能齐全、操作简单的特点,是初学者的理想编程工具。

1. IDLE 的两种编程方式

IDLE 提供了命令交互和文件执行两种编程方式。

(1) 命令交互方式。

命令交互方式对输入的每一条语句能立即执行和输出结果。退出 IDLE 后输入的代码就会消失,无法再次运行。这种方法比较适合练习语法,验证一些编程的思路或调试小的程序。

(2) 文件执行方式。

文件执行方式把所有的代码保存到一个文件里执行,重启 IDLE 后可以再次打开文件重新运行,是编写程序的主要方式。在视频 1.4.2 里,通过一个求两个整数和输出的简单程序详细介绍了两种编程方式的使用方法。

2. IDLE 的简单配置

为了方便使用,可以对 IDLE 环境进行适当的配置。配置时,先打开 IDLE 窗口,然后选择 Options→Configure IDLE 选项,打开 Settings 窗口,如图 1-32 所示。

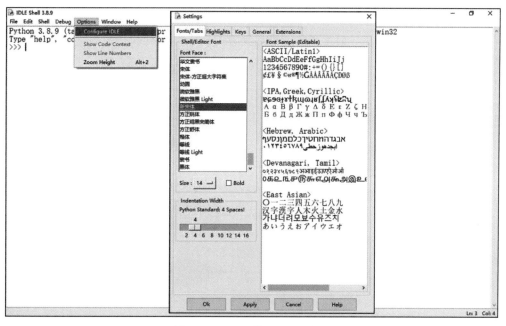

图 1-32　IDLE 的 Settings 窗口

通过 Settings 窗口上方的 5 个选项卡可以进行环境配置。视频 1.4.2 详细介绍了配置字体和设置高亮颜色的方法。

3. IDLE 的常用快捷键

IDLE 里定义了很多快捷键。使用快捷键可以快速完成相关的操作,提高编程效率。表 1-2 给出了 IDLE 的 11 个常用快捷键,它们的使用方法在视频 1.4.2 里有详细介绍。

表 1-2　IDLE 的 11 个常用快捷键

快　捷　键	作　　用
Ctrl+N	新建文件
Ctrl+S	保存文件
Ctrl+C	复制选择的内容
Ctrl+V	粘贴复制的内容
Ctrl+Z	撤销刚才的操作
Ctrl+Shift+Z	恢复刚才的操作
Ctrl+]	增加缩进
Ctrl+[	减少缩进
Alt+3	把选择的语句变为注释
Alt+4	把注释的语句取消注释
F5	运行程序

扫一扫

1.4.4　使用 IDLE 上机编程

文件执行方式是 Python 最主要的上机编程方式。采用文件执行方式上机编程的实现过程如图 1-33 所示。

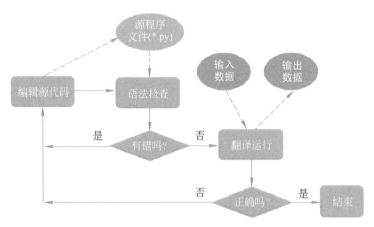

图 1-33　文件编程方式的实现过程

文件执行方式上机编程的过程分为两步。第一步是编辑源代码。这一阶段的主要任务是把设计好的程序代码借助 IDLE 的工具录入计算机里。此项工作结束时就会生成一个扩展名为 py 的源程序文件。第二步是运行程序。系统从源程序文件中自前向后逐行读取代

码,并进行语法检查,如果发现有语法错误,程序的运行将结束,此时就必须回到编辑状态,在源程序中检查和修改这些错误,然后重新执行程序,系统重新读取代码,进行语法检查,如果没有语法错误,就会翻译和运行读取的代码,接收输入数据,输出运行结果。这样反复进行下去,直到源程序中所有代码被执行完毕。程序执行时,编程者需要结合输入的数据和输出的结果判断程序的运行是否正确。如果运行的结果不正确,说明程序中存在错误,此时也必须返回到编辑状态,在源程序文件中查找和修改这些错误,然后重新运行程序,直到程序的运行结果满足要求为止。

在语法检查时发现的错误叫作语法错误,查找和修改语法错误的过程叫作调试程序。在程序运行时发现的引发运行结果不正确的错误叫作逻辑错误。利用设计好的数据,验证程序运行是否正确的过程叫作测试程序。

在视频 1.4.3 里,通过一个求输入两个数平均值的程序详细演示了上机编程的完整过程。

1.5 习题与上机编程

一、单项选择题

1. 计算机语言从诞生至今经历了_____个发展阶段。
   A) 1   B) 2   C) 3   D) 4

2. 以下关于计算机语言的说法,错误的是_____。
   A) 用机器语言编写的程序可以被计算机直接识别和运行
   B) 编译执行比解释执行的速度快
   C) Python 语言是一种编译执行的高级语言
   D) 脚本语言不会生成目标文件

3. 以下关于 Python 语言的说法,正确的是_____。
   A) Python 诞生于 1989 年
   B) Python 3.x 系列继承了 2.x 系列的语法
   C) Python 3.x 系列兼容 2.x 系列
   D) Python 语言的主流是 3.x 系列

4. 以下关于 Python 语言的说法,错误的是_____。
   A) 开源免费   B) 简单易学
   C) 运行速度快   D) 应用广泛

5. 以下不能出现在引入模块语句中的是_____。
   A) from   B) import   C) as   D) in

6. 以下关于 Python 程序的描述,错误的是_____。
   A) Python 的源程序文件扩展名为 py
   B) Python 程序是由一个或多个模块组成的
   C) Python 程序允许一个模块调用另一个模块中的函数
   D) Python 的源程序文件不需要翻译就可以执行

7. Python 程序中可以对语句续行的符号是_____。

A）＊　　　　　　B）\　　　　　　C）＃　　　　　　D）；

8. 安装 Python 后，"开始"菜单里用于打开 Python 帮助窗口的选项是_____。

A）IDLE (Python 3.8 64-bit)　　　　　B）Python 3.8 (64-bit)

C）Python 3.8 Manuals (64-bit)　　　D）Python 3.8 Module Docs (64-bit)

9. 以下可以快速打开 Windows 10"运行"窗口的组合键是_____。

A）Win＋R　　　B）Alt＋R　　　C）Ctrl＋R　　　D）Shift＋R

10. 以下有关 IDLE 的描述，错误的是_____。

A）IDLE 是 Python 程序的集成开发工具

B）IDLE 有命令交互和文件执行两种编程方式

C）IDLE 可以完成程序的编辑、翻译和运行

D）IDLE 需要单独进行安装

11. 以下_____是 IDLE 中用于取消注释的快捷键。

A）Ctrl＋3　　　B）Ctrl＋4　　　C）Alt＋3　　　D）Alt＋4

12. 以下_____是 IDLE 中用于执行程序的快捷键。

A）F5　　　B）Ctrl＋F5　　　C）Alt＋F5　　　D）Shift＋4

二、判断题

1. 计算机所有的程序和数据存储在内存中。　　　　　　（　　）

A）√　　　　　　B）×

2. 计算机只能识别机器码。　　　　　　　　　　　　（　　）

A）√　　　　　　B）×

3. 高级语言是与硬件无关的语言。　　　　　　　　　　（　　）

A）√　　　　　　B）×

4. 静态语言是解释执行的语言。　　　　　　　　　　　（　　）

A）√　　　　　　B）×

5. 把 Python 语言称作为"胶水语言"是因为它的可移植性好。　（　　）

A）√　　　　　　B）×

6. 在 Python 程序中，可以在语句与语句之间任意添加空白行。　（　　）

A）√　　　　　　B）×

7. 使用 IDLE 可以完成代码的编辑、翻译和运行。　　　　（　　）

A）√　　　　　　B）×

8. Python 程序中具有相同缩进关系的语句构成语句块。　　（　　）

A）√　　　　　　B）×

9. IDLE 中用于增加缩进的快捷键是 Ctrl＋[。　　　　　（　　）

A）√　　　　　　B）×

10. IDLE 中的命令交互方式非常适合平时练习。　　　　（　　）

A）√　　　　　　B）×

三、 使用 IDLE 命令交互方式编程

1. 在命令交互窗口输入以下代码,写出执行结果。

```
>>>10-5
>>>8+3
>>>x=10
>>>x+5
>>>x*2
```

2. 结合上面的操作,说一说命令交互方式的特点和用途。

四、 使用 IDLE 文件执行方式编程

1. 在 IDLE 的编辑窗口中,输入图 1-34 所示的程序代码,并把它保存为 prg1-1.py。

```
File  Edit  Format  Run  Options  Window  Help
 1 #定义函数fac, 输出求n的阶乘的公式
 2 #如 5!=1*2*3*4*5=120
 3
 4 def fac(n):
 5     print("{}!=".format(n),end="")
 6
 7     f = 1
 8     for i in range(1,n+1):
 9         if(i==n):
10             print("{}=".format(i),end="")
11         else:
12             print("{}*".format(i),end="")
13
14         f *= i
15
16     print(f)
17
18 fac(10)
19
```

图 1-34 程序 prg1-1.py 里的代码

2. 运行 prg1-1.py,写出运行结果。

3. 删除 prg1-1.py 中第 4 行末尾的冒号,把程序另存为 prg1-2.py,然后运行 prg1-2.py,解释发生的现象和原因。

4. 删除 prg1-1.py 中第 5 行行首的所有空格,把程序另存为 prg1-3.py,然后运行 prg1-3.py,解释发生的现象和原因。

5. 把 prg1-1.py 中第 8 行里的"n+1"改为 n,把程序另存为 prg1-4.py,然后运行 prg1-4.py,解释发生的现象和原因。

第2章 简单程序设计

本章学习目标

- 理解标识符、变量、运算符、表达式及算法的概念
- 掌握自定义标识符的原则并养成命名标识符的良好习惯
- 熟练掌握变量的定义、改变变量的值和删除变量的方法
- 熟练掌握数值型、字符串型、逻辑型数据的表示方法
- 熟练掌握数值型、字符串型数据的常用运算符、处理函数及方法
- 理解算法的三种基本结构及"自上而下"的程序设计方法
- 熟练掌握 print、input、eval 函数的使用方法

本章研究基于顺序结构的简单程序设计,主要介绍标识符、数值型数据的表示与处理、逻辑型数据的表示与处理、字符串型数据的表示与处理、变量、运算符与表达式、数据输入与输出、算法基本知识、"自上而下"的程序设计方法。

扫一扫

 **2.1** **Python 的标识符**

2.1.1 基本字符集

从 1.3.1 节介绍的程序例子可以看出,Python 程序是由若干具有特定语义的字符组成的。这些具有语义的字符构成了 Python 的基本字符集,包括大小写字母各 26 个、数字字符 10 个、特殊字符 29 个,如表 2-1 所示。

表 2-1　Python 的基本字符集

类　别	字　符
大小写字母各 26 个	A~Z,a~z
数字字符 10 个	0~9
特殊字符 29 个	+ － ＊ ／ ％ ＝ ( )[ ]{ }＜＞＿ ｜ ＼ ＃ ？ ～ ！ ， ； ‘ " ．$ ^ &.

2.1.2　标识符

标识符是由一个或多个基本字符构成的起标识作用的符号。在图 2-1 所示的程序里，import、math、print、sqrt、x、y 都是标识符。按照来源不同，标识符分为关键字和自定义标识符两类。

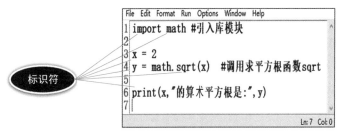

图 2-1　程序中的标识符

1. 关键字

关键字又叫作保留字。它是 Python 内部规定的只能专用的特殊标识符。表 2-2 列出了 Python 的 33 个关键字，它们均是有意义的英文单词或缩写。

表 2-2　Python 的 33 个关键字

and	as	assert	break	class	continue
def	del	elif	else	except	finally
for	from	False	global	if	import
in	is	lambda	nonlocal	not	None
or	pass	raise	return	try	True
while	with	yield			

Python 是严格区分大小写字母的计算机语言。以表 2-2 中的关键字来说，只有首字母大写的 True 才是关键字，除此之外的任何写法都不是关键字。

可以使用库模块 keyword 的 kwlist 属性来获得 Python 的关键字。属性是面向对象程序设计的一个概念。尽管本书不深入讨论面向对象的概念，但这并不影响对属性的理解和使用，因为它和前面介绍过的函数的使用方法非常类似。不同的是属性后面不带圆括号，也不需要提供参数。

在 IDLE 命令交互方式下,使用 keyword 模块的 kwlist 属性输出关键字的程序示例如图 2-2 所示。

图 2-2　使用 keyword 模块的 kwlist 属性输出关键字的程序示例

2. 自定义标识符

自定义标识符是编程者按照一定的规则自己命名的标识符。通常所说的标识符指的就是自定义标识符。自定义标识符一般用作程序中对象的名字,比如模块名、函数名、变量名等。在图 2-1 所示的程序里,x 和 y 就是两个自定义标识符,均被用作了变量的名字。

标识符的命名必须遵守以下 3 条规则。

- 只能由字母、数字、下画线组成。
- 必须以字母或下画线开头。
- 不能和系统关键字同名。

自定义标识符的例子如表 2-3 所示。左边两列是合法的标识符,右边两列是非法的标识符及其非法的原因。

表 2-3　自定义标识符

合法的标识符		非法的标识符	
		标识符	非法的原因
a	a1	$ sum	以 $ 开头
student_name	stntNm	2name	以数字 2 开头
_aSystemName	_aSysNm	Student name	中间含有空格
TRUE	FALSE	if	与系统关键字同名

如果在程序中使用了非法的标识符,就会引发语法错误。在 IDLE 命令交互方式下使用非法标识符引发出错情况的程序示例如图 2-3 所示。在程序中,第 1 条和第 2 条语句都是因为标识符开头使用了非法字符"数字";第 3 条语句是因为使用了非法字符"$";第 4 条语句是因为使用了非法字符"空格"。

命名标识符时,除了要符合上述规则外,还应该遵循以下两个原则。

```
File  Edit  Shell  Debug  Options  Window  Help
Python 3.8.9 (tags/v3.8.9:a743f81, Apr  6 2021, 14:02:34) [M
D64)] on win32
Type "help", "copyright", "credits" or "license()" for more
>>> 1b = 10
SyntaxError: invalid syntax
>>> 2a = 10
SyntaxError: invalid syntax
>>> b$ = 10
SyntaxError: invalid syntax
>>> st █ = 10
SyntaxError: invalid syntax
>>> |
```

图 2-3 使用非法标识符引发错误的程序示例

（1）常用取简。

对于简单的问题,标识符的命名越简单越好。假如要存三角形的三条边,和数学里的习惯一样,可以使用单个字母 a、b、c 作为它们的名字。

（2）专用取繁。

对于复杂的问题,尽量使用有意义的英文单词来命名。比如,使用 name 存姓名,使用 price 存单价,因为使用这样的名字可以见其名知其意,有利于增强程序的可读性。

当使用多个单词命名时,通常可用两种方法使单词之间分开。一种是使用下画线(_)隔开;另一种是单词的首字母大写,这种书写格式也被称作"驼峰式"。假如要存一本书的名字,可以采用 book_name 或 bookName 来命名。

▷▷▷ 牢固树立规则意识

命名标识符必须严格遵循规则的做法给了我们重要的启示:作为社会大家庭中的一员,无论是在日常学习、生活还是工作中,一定要严格遵守法律、法规及有关制度,严格约束自己的行为,努力使自己成为合格的社会公民,为祖国的和谐、稳定、繁荣做出应有的贡献。

2.2 数据类型与变量

扫一扫

2.2.1 数据类型

编写程序的目的是利用计算机存储和处理客观事物的信息,以帮助人们处理各种业务。就"学生学籍管理系统"来说,需要存储和处理的信息通常包含学生的信息、课程的信息、老师的信息等。信息是由若干与特定事物相关的数据项组成的,如学生信息通常是由学号、姓名、性别、年龄、入学成绩、婚否、个人爱好等数据项组成,如图 2-4 所示。

每一个数据项用来存储数据的值,数据值的类型不尽相同。就学生的信息来说,年龄项是整数;入学成绩项是小数;学号项、姓名项、性别项、个人爱好项都是由字符或汉字组成的字符串;婚否项是逻辑值。从图 2-4 还可以看出,有的数据项是不可再分的,比如年龄、入学

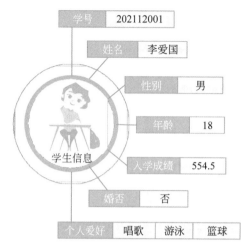

图 2-4   学生信息简单示例

成绩和婚否项,这种不可再分的数据叫作原子类型;其他项是可以再分的,叫作组合类型。

Python 拥有丰富的数据类型,其内置数据类型如表 2-4 所示。

表 2-4   Python 内置数据类型

内置数据类型	原子类型	数值型	整数
			浮点数
			复数
		逻辑型	
	组合类型	字符串	
		集合	
		元组	
		列表	
		字典	

其中,原子类型包括数值型和逻辑型 2 种。数值型又包含了整数、浮点数和复数 3 种。组合类型包括字符串、集合、元组、列表和字典 5 种。为了便于学习,前 4 章只研究原子类型和字符串类型,其他组合类型在第 5 章讨论。

2.2.2   数值型数据

在 Python 中,数值型数据包括整数、浮点数和复数三种。

1. 整数

整数可以表示为十进制数、八进制数、十六进制数和二进制数 4 种形式。系统默认表示形式是十进制数。从理论上讲,Python 中整数的取值范围只受计算机内存容量的限制,可以认为是无限大。

整数的 4 种不同进制数的表示方法如表 2-5 所示。其中,十进制数由 0~9 的 10 个数字组成，和数学上的写法一致；八进制数由 0～7 的 8 个数字组成，书写时以 0o 或 0O 开头；十六进制数由数字 0～9、字母 a～f 或 A～F 的 15 个字符组成，书写时以 0x 或 0X 开头；二进制数由 0 和 1 两个数字组成，书写时以 0b 或 0B 开头。无论使用哪种进制数形式，正数是在数字前加“＋”或省略不写，负数是在数字前面加“－”。

表 2-5　整数的四种表示方法

类　型	组　成	前　缀	举　例
十进制	由 0～9 的 10 个数字组成	无	123、＋112、－256
八进制	由 0～7 的 8 个数字组成	0o 或 0O	0O17、＋0o35、－0o20
十六进制	由 0～9，a～f 或 A～F 组成	0x 或 0X	0x1a、＋0x20、－0XfF
二进制	由 0、1 两个数字组成	0b 或 0B	0b101、＋0b1101、－0B10

在 IDLE 命令交互方式下表示不同进制整数的程序示例如图 2-5 所示。

```
File  Edit  Shell  Debug  Options  Window  Help
>>> +123,-11,1245
(123, -11, 1245)
>>> +0o12,-0O25,0o77
(10, -21, 63)
>>> +0x1a,-0XfF,0xabc
(26, -255, 2748)
>>> +0b101,-0B11,0b101101
(5, -3, 45)
>>>
```

图 2-5　不同进制整数表示的程序示例

在该程序中，第 1 条语句输出了 3 个十进制数；第 2 条语句输出了 3 个八进制数；第 3 条语句输出了 3 个十六进制数；第 4 条语句输出了 3 个二进制数。从输出结果可以看出，系统默认的整数表示形式是十进制数。

从编程的角度来说，即使不太清楚相关进制数之间的关系也无妨，因为 Python 提供了可以在不同进制数之间转换的内置函数，需要的时候直接调用即可得到想要的进制数。不同进制整数之间转换的函数及其功能如表 2-6 所示。

表 2-6　不同进制之间整数转换函数及其功能

函数形式	功　能
int(x)	把 x 转换成十进制数
oct(x)	把 x 转换成八进制数
hex(x)	把 x 转换成十六进制数
bin(x)	把 x 转换为二进制数

在 IDLE 命令交互方式下使用上述 4 个函数转换数据的程序示例如图 2-6 所示。

在该程序中，第 1 条、第 2 条、第 3 条语句分别实现把十进制数转换为二进制数、八进制数和十六进制数；第 4 条、第 5 条语句分别实现把二进制数、十六进制数转换为十进制数；第 6 条语句实现把二进制数转换为十六进制数。

```
File Edit Shell Debug Options Window Help
>>> bin(1000) #十进制数转二进制数
'0b1111101000'
>>> oct(-123) #十进制数转八进制数
'-0o173'
>>> hex(1234) #十进制数转十六进制数
'0x4d2'
>>> int(0B101111)    #二进制数转十进制数
47
>>> int(0x1fff)      #十六进制数转十进制数
8191
>>> hex(0b10110111)    #二进制数转十六进制数
'0xb7'
>>>
```

图 2-6   使用数制转换函数的程序示例

2. 浮点数

浮点数对应数学里的实数。浮点数有十进制和科学记数两种表示方式。

十进制的书写形式和数学里类似,略微不同的是当整数部分或小数部分为 0 时可以省略不写。科学记数法是使用 e 或 E 表示以 10 为基数的幂运算。比如,1.3 e3、−1.1E −3 分别表示 1.3×10^3 和 $−1.1 \times 10^{-3}$,结果分别是 1300.0 和 −0.0011。

和整数一样,Python 中浮点数的取值范围也是只受计算机内存容量限制,可以认为无限大。不过需要注意的是,浮点数能够表示的有效位数为 16～17 位,当小数点前的位数超过 16 位时,系统会自动显示为科学记数形式。在 IDLE 的命令交互方式下表示及输出浮点数的程序示例如图 2-7 所示。

```
File Edit Shell Debug Options Window Help
>>> 3.14159265358979323846264  #只能精确输出16-17位
3.141592653589793
>>> 314159265358.9793238462643 #只能精确输出16-17位
314159265358.9793
>>> 3141592653589793.238462643 #小数点前不超过16位
3141592653589793.0
>>> 31415926535897932.38462643 #小数点前超过16位时输出科学记数
3.1415926535897932e+16
>>> 1.23e10
12300000000.0
>>> -1.15e8
-115000000.0
>>> 1.15E-3
0.00115
>>> |
```

图 2-7   表示和输出浮点数的程序示例

3. 复数

Python 中复数的含义及书写形式与数学里基本一致。它也是由实部、虚部和字母 j(或 J)组成。如 1+2j、1.25−2J、3.5j 都是复数。和数学里表示不同的是,当虚部为 1 时不可以省略不写。因为对系统而言,单独的字母 j(或 J)被看作是一个变量的名字。可以通过复数的 real、imag 属性分别获取该复数的实部和虚部,结果都是浮点型数据。比如,(1−2j).real、(1−2j).imag 的结果分别是 1.0 和 −2.0。

2.2.3   逻辑型数据

逻辑型也叫作布尔型。它是用来表示"真"与"假"的数据类型。逻辑型数据只有两个值——True 和 False。它们是 Python 的两个关键字,首字母必须大写。

在 Python 内部,逻辑值 True 和 False 是整数的子集。True 对应的值是 1,False 对应的值是 0。1＋True 和 2＊False 都是合法的式子,结果分别是 2 和 0。

把逻辑值作为整数处理的应用实例参见 5.1.3 中的【实例 5-2】。

2.2.4 变量

扫一扫

变量是程序设计的一个重要概念,因为数据的存储通过变量实现。简单地说,变量是编程者为了存储数据而命名的内存空间。在程序运行时,系统为定义的变量分配内存。

1. 定义变量

在 Python 中,通过命名的同时使用"＝"赋初值的方法来定义变量。定义格式有以下 3 种。

格式 1: 变量名=值

如:

n=10
prince=1.15

该种格式用来一次定义一个变量。上面的两条语句分别通过赋初始值整数 10 和浮点数 1.15 的方式定义了变量 n 和 price。

格式 2: 变量名 1=变量名 2=…=变量名 n=值

如:

$a=b=c=0$

该种格式用来一次定义多个变量,并为它们赋相同的值。上面的语句一次定义了 a、b、c 3 个变量,给它们赋了相同的初始值整数 0。

采用该格式定义变量的程序实例参见 4.1.3 节【实例 4-1】。

格式 3: 变量名 1,变量名 2,…变量名 n=值 1,值 2,…,值 n

如:

$a,b,c = 1,2.5,3$

该格式可以实现一次定义多个变量,并为它们赋不同的值。上面的语句一次定义了 a、b、c 3 个变量,为 a 赋了整数 1,为 b 赋了浮点数 2.5,为 c 赋了整数 3。

采用该格式定义变量的程序实例参见 6.5.2 节【实例 6-2】。

2. 4 点说明

(1) 关于变量的命名。

变量的命名必须符合自定义标识符的命名规则,而且习惯上使用小写字母来命名。程序中常量的命名习惯上全部使用大写字母来命名。有关全部使用大写字母表示常量的应用

实例参见 8.2.3 节【实例 8-1】。

（2）关于变量的引用。

定义变量以后，可以通过名字来引用它的值。变量引用的程序示例如图 2-8 所示。

```
File  Edit  Format  Run  Options  Window  Help
1 r = 5
2
3 l = 2 * 3.1415926 * r
4 s = 3.1415926 * r * r
5
6 print("半径是:",r)
7 print("周长是:",l)
8 print("面积是:",s)
```

图 2-8　变量的定义与引用的程序示例

在这个程序中，第 1 条语句定义了变量 r，用来存半径；第 2 条和第 3 条语句引用了 r 的值来求周长 l 和面积 s。Python 中规定，变量必须先定义后引用。在程序中引用未定义的变量就会引发错误。在 IDLE 命令交互方式引用未定义变量引发错误的程序示例如图 2-9 所示。

```
File  Edit  Shell  Debug  Options  Window  Help
>>> x=10
>>> x
10
>>> y
Traceback (most recent call last):
  File "<pyshell#2>", line 1, in <module>
    y
NameError: name 'y' is not defined
>>>
```

图 2-9　引用未定义变量引发错误程序示例

在这个程序中，先定义了变量 x，并赋了初始值 10，然后引用 x，系统输出 x 的值 10。之后引用 y，由于 y 未定义，所以程序运行出错。系统提示，名字为 y 的对象没有定义。

（3）变量类型的可变性。

Python 中变量的类型是可变的。它的类型是由等号（＝）右边值的类型决定的。可以通过内置函数 type 来获取变量的类型。变量的可变性程序示例如图 2-10 所示。

```
File  Edit  Shell  Debug  Options  Window  Help
>>> x = 10   #x赋值整数
>>> type(x) #调用内置函数type输出x的类型
<class 'int'>
>>> x = 1.5 #x重新赋值小数
>>> type(x) #调用内置函数type输出x的类型
<class 'float'>
>>> x = 1+2j #x重新赋值复数
>>> type(x) #调用内置函数type输出x的类型
<class 'complex'>
>>>
```

图 2-10　变量类型可变性的程序示例

在这个程序中，先定义了变量 x，并赋值整数 10，接着调用 type 输出 x 的类型，结果是整数（int）型。然后对 x 重新赋值一个浮点数 1.5，调用 type 输出 x 的类型，结果是浮点数

(float)型。之后再次对 x 重新赋值一个复数 $1+2j$，调用 type 输出 x 的类型，结果是复数 (complex)型。

3. 删除变量

在 Python 中，可以使用 del 关键字删除已经定义的变量。格式如下。

del 变量名

删除变量后，其占用的内存空间被释放。如果引用已经删除的变量，就会引发错误。删除变量的程序示例如图 2-11 所示。

```
File Edit Shell Debug Options Window Help
>>> x = 10 #定义变量x
>>> x +10   #引用x
20
>>> del  x  #删除x
>>> x +10   #引用x出错
Traceback (most recent call last):
  File "<pyshell#3>", line 1, in <module>
    x +10   #引用x出错
NameError: name 'x' is not defined
>>> |
```

图 2-11　删除变量的程序示例

在这个程序中，先定义了变量 x，并赋值整数 10，接着引用 x 输出 $x+10$ 的值，结果为 20。之后使用 del 命令删除了变量 x，随后引用 x 输出 $x+10$ 的值时发生了错误，因为 x 已经不存在了。

扫一扫

2.3　数值型数据的处理

2.3.1　4 个术语

在研究数值型数据的处理方法之前，先介绍与数据处理有关的 4 个术语。

（1）运算符。

运算符是用来表示运算功能的符号。比如，$+$、$-$、$=$ 都是 Python 的运算符。

（2）运算数。

运算数也叫操作数，是用来参加运算的对象。比如，$x+5$ 里的变量 x 和常量 5 都是运算数。

（3）表达式。

表达式是由运算数和运算符连接而成的有意义的式子。比如，$x+y$、(1+2j).real 都是表达式。

（4）优先级。

优先级是不同运算的优先顺序。和数学运算一样，含有多种不同运算的表达式按照优先级由高到低的顺序处理。

2.3.2 数值型数据的运算

1. 运算符和表达式

在 Python 里,用于数值运算的符号共有 9 个,如表 2-7 所示。

表 2-7 数值型数据的运算符和表达式

运算符	实施运算	优先级	表达式	说　　明
+ −	加 减	低	$x + y$ $x - y$	求 x 与 y 的和 求 x 与 y 的差
* / // %	乘 除 整除 取余	较高	$x * y$ x / y $x // y$ $x \% y$	求 x 与 y 的乘积 求 x 与 y 的商 求 x 与 y 的整数商 求 x 与 y 相除得的余数
+ −	取正 取反	高	$+x$ $-x$	取 x 的原来的值 取 x 的相反数
**	乘方	最高	$x ** y$	求 x 的 y 次方

2.5 点说明

(1) 关于除运算。

对于普通除(/)来说,除复数外,任何两个数相除的结果均是小数。

如:

1/2 的结果是 0.5。

3/2.0 的结果是 1.5。

对与整除(//)来说,整数与整数之间整除的结果为整数;整数与小数、小数与小数之间整除的结果是浮点类型的整数商。

如:

1//2 的结果是整数 0。

3//2.0 的结果是小数 1.0。

从应用的角度来说,普通除运算(/)和整数之间的整除运算(//)具有实际价值。

在 IDLE 命令交互方式下使用普通除和整除运算的程序示例如图 2-12 所示。其中,第 1 条、第 2 条、第 3 条语句里是普通除运算;第 4 条、第 5 条、第 6 条语句里是整除运算。

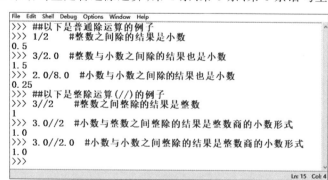

图 2-12　普通除与整除运算的程序示例

（2）关于取余运算。

表达式 $a\%b$ 等价于 $a-(a//b)*b$。

如：

$3\%2$ 等价于 $3-(3//2)*2$,结果是 $3-2=1$

$3.2\%2$ 等价于 $3.2-(3.2//2)*2$,结果是 $3.2-2.0=1.2$

在实际编程时,取余($\%$)运算常常用于整数之间,根据结果是否为 0 来判断两个整数是否可以整除,以此来构造某些条件。

如：

$x\%2$ 的结果若为 0,则说明 x 是偶数,否则 x 就是奇数。

$x\%4$ 的结果若为 0,则说明 x 能被 4 整除,也就是说 x 是 4 的倍数。

（3）关于整数的分离与截取。

利用整除($//$)和取余($\%$)配合可以分离整数。

若变量 $x=4536$,则有：

$x\%10$ 的结果为 6(分离出个位数)。

$x/10\%10$ 的结果为 3(分离出十位数)。

$x/10/10\%10$ 的结果为 5(分离出百位数)。

$x/10/10/10\%10$ 的结果为 4(分离出千位数)。

通过上述分离过程可以得出结论：对于整数 x,与 10^n 取余($\%$)可以截取其右边的 n 位数字;与 10^n 整除($//$)可以截掉其右边的 n 位数字。

如：

$12345\%10**2$ 的结果是 45(截取了右边的两位数字)。

$12345//10**3$ 的结果是 12(截掉了右边的三位数字)。

（4）关于增强型赋值运算。

2.2.4 节中介绍了使用赋值运算符($=$)给变量赋值的问题。这种使用等号($=$)直接赋值的方式叫作简单赋值。除了简单赋值外,Python 允许把数值运算里的加、减、乘、除、取余、乘方运算和赋值运算符($=$)连用,构成加赋值($+=$)、减赋值($-=$)、乘赋值($*=$)、除赋值($/=$或$//=$)、取余赋值($\%=$)和乘方赋值($**=$)。这种赋值方式叫作增强型赋值,如表 2-8 所示。

表 2-8　增强型赋值运算

运 算 名 称	运 算 符	表 达 式	说 明
加赋值	$+=$	$x+=y$	等价于 $x=x+y$
减赋值	$-=$	$x-=y$	等价于 $x=x-y$
乘赋值	$*=$	$x*=y$	等价于 $x=x*y$
除赋值	$/=$	$x/=y$	等价于 $x=x/y$
整除赋值	$//=$	$x//=y$	等价于 $x=x//y$
取余赋值	$\%=$	$x\%=y$	等价于 $x=x\%y$
乘方赋值	$**=$	$x**=y$	等价于 $x=x**y$

增强型赋值运算的优先级和普通赋值运算相同,均低于数值运算。它的引入可以简化代码,提高执行效率。在 IDLE 命令交互方式下使用增强型赋值的例子如图 2-13 所示。

图 2-13　增强型赋值运算程序示例

（5）改变运算的优先级。

和数学运算一样,通过加圆括号可以改变运算的优先级。

如:

表达式 1+2 * 3/2**2 的处理顺序为:先处理 2**2 得 4,然后处理 2 * 3 得 6,再处理 6/4 得 1.5,最后处理 1+1.5,结果是 2.5。

表达式 1+2 * (3/2)**2 的处理顺序为:先处理(3/2)得 1.5,然后处理 1.5**2 得 2.25,之后处理 2 * 2.25 得 4.5,最后处理 1+4.5,结果是 5.5。

▶▶▶ 小算式背后的大道理

把一个人正常的付出和收获都用 1 表示,一年按 365 天计算。如果每天多努力 1%,一年后的收获将是原来的 37 倍多;如果每天再多努力 1%,一年后的收获将是原来的 1377 倍多。假如把情况反转,如果每天荒废 1%,一年后的收获将减少到原来的 2%;如果每天再多荒废 1%,一年后的收获将减少到原来的 0.06%。两种情况运算的结果告诉人们,作为年青的一代,一定要牢记"业精于勤,荒于嬉"的古训,一定要珍惜光阴,注重日常,注重点滴,做在当下,只有这样才能不负韶华,成就人生。

扫一扫

2.3.3　5个常用内置函数

通过 2.3.2 节的讨论不难发现,仅凭上面的 9 种运算并不能满足所有运算的需要。比如,运算符里没有提供求绝对值的运算。在实际编程时,如果找不到想要的运算符,就要借助系统提供的函数来实现运算功能。下面介绍 5 个常用的内置处理函数。

（1）求绝对值函数 abs。

该函数的调用格式是 abs(x),作用是返回 x 的绝对值。

如：

abs(−5)的结果是 5。

abs(1.25)的结果是 1.25。

当 x 为复数时,abs(x)的结果是取 x 的模。

如：

abs(3+4j)的结果是 $\sqrt{3^2+4^2}=5.0$

（2）求幂函数 pow。

该函数有以下两种调用格式。

格式 1：pow(x,y),作用是返回 x^y。

如：

pow(2,3)的结果是 8。

pow(2,0.5)的结果是 2 的算术平方根。

格式 2：pow(x,y,z),作用是返回 $x^y\%z$。

如：

pow(55,100,10**5)的结果是截取 55^{100} 的后 5 位数。

（3）圆整函数 round。

该函数有以下两种调用格式。

格式 1：round(x),作用是返回 x 四舍五入后得到的整数。

如：

round(1.4)的结果是 1。

round(1.5)的结果是 2。

round(−1.5)的结果是 −2。

格式 2：round(x,d),作用是返回 x 四舍五入保留 d 位小数。

如：

round(−1.456,2)的结果是 −1.46。

round(1.513,1)的结果是 1.5。

（4）求最大值函数 max。

该函数的调用格式是 max(x_1,x_2,$\cdots$,x_n),作用是返回 x_1 至 x_n 中的最大值。

如：

max(1,−5,7.5)的结果是 7.5。

（5）求最小值函数 min。

该函数的调用格式是 min(x_1,x_2,$\cdots$,x_n),作用是返回 x_1 至 x_n 中的最小值。

如：

min(1,−5,7.5)的结果是 −5。

2.4 字符串类型及其处理

2.4.1 字符串类型与字符串

1. 字符串类型

在实际编程时,经常需要存储由文字或符号组成的信息。比如,个人的姓名、性别、邮箱地址等,如图 2-14 所示。这种用来存储由文字或符号组成信息的数据类型叫作字符串类型。

图 2-14　个人信息简单示例

2. 字符串

字符串类型的变量中存储的数据叫作字符串,简称串。在 Python 中,字符串是使用一对单引号(或双引号)或一对三单引号(或三双引号)括起来的文字或符号的序列。

如:

```
'Python 语言程序设计'
"Python 语言程序设计"
'''Python 语言程序设计'''
""" Python 语言程序设计"""
```

上面的 4 个例子表示的都是内容为"Python 语言程序设计"的字符串。在 IDLE 命令交互方式下输出字符串时,系统默认显示为单引号。

字符串 4 种表示方式的区别如下。

* 使用一对单引号时,字符串中可以含双引号字符,但不能含单引号,且只能写成一行。
* 使用一对双引号时,字符串中可以含单引号字符,但不能含双引号,且只能写成一行。
* 使用一对三单引号或三双引号时,字符串中可以含任意字符,且可以写成多行。

图 2-15 是字符串表示的程序示例,图 2-15(a)是程序代码,图 2-15(b)是程序运行效果。

在这个程序中,第 1 行定义了变量 greet1,并赋值使用一对双引号括起来的字符串,里面含有一个单引号;第 2 行定义了变量 greet2,并赋值使用一对单引号括起来的字符串,里面含有一对双引号;第 3~15 行定义了变量 greet3,并赋值使用一对三单引号括起来的字符串,里面不仅含有普通文字,还含有一些由特殊符号组成的图案,并且写成了多行的形式;最后 3 条语句是调用 print 函数输出了 3 个字符串。从运行结果看,3 种表示方法是完全正确的。

(a) 程序代码	(b) 运行效果

图 2-15　字符串表示的程序示例

3.3 个术语

（1）串长度。

字符串中含有的文字或符号的个数叫作串长度。在 Python 中，无论是汉字、英文字符还是其他符号，默认都采用 Unicode 编码，长度均为 1。如，"Python 语言 3.8.9"的长度是 13。

（2）空串。

长度为 0 的字符串叫作空字符串，简称空串。如一对空的双引号（""）、一对空的单引号（''）、一对空的三单引号（''''''）都表示空串。

（3）子串。

如果字符串 a 包含在字符串 b 中，就把 a 称作 b 的子串。很显然，一个字符串最短的子串是空串，最长的子串是这个串本身。对于字符串"abc"来说，它的子串有 7 个，分别是" "、"a" "b" "c" "ab" "bc"和"abc"。

4. 转义字符

转义字符是使用反斜杠（\）后跟一个能写出来的字符，表示某些无法直接写出的特殊字符。比如回车字符、退格字符等。Python 中常用的转义字符如表 2-9 所示。

表 2-9　Python 中常用的转义字符

转 义 字 符	表示的实际字符
\a	响铃字符（bell）
\b	退格字符（Backspace）
\t	Tab 字符（多个空格）
\n	换行字符
\r	光标回行首字符
\"	双引号字符
\'	单引号字符
\\	反斜杠字符

在 Python 的命令窗口,使用转义字符的程序示例如图 2-16 所示。

```
Python 3.8 (64-bit)
Python 3.8.9 (tags/v3.8.9:a743f81, Apr  6 2021, 14:02:34)
Type "help", "copyright", "credits" or "license" for more
>>> #使用转义字符
>>>
>>> print("123\aabc")
123abc
>>>
>>> print("123\babc")
12abc
>>>
>>> print("123\tabc")
123     abc
>>>
>>> print("123\nabc")
123
abc
>>> print("123\rabc")
abc
>>>
>>> print("1\"2\\3\'")
1"2\3'
>>>
```

图 2-16   使用转义字符的程序示例

在这个程序中,第 1 条语句的输出结果是"123abc",并伴随一声响铃,因为"\a"的作用是响铃。第 2 条语句的输出结果是"12abc",因为输出"123"后输出"\b"字符,它的作用是使光标回退一个字符,回到了前面的字符 3 上,之后接着输出"abc",字符 a 就把字符 3 覆盖掉了。第 3 条语句的输出结果是"123"后跟一个空白区,再后跟"abc",因为输出"123"后输出"\t"字符,它的作用是使光标向右移动一个 Tab 键位置,从效果上看是产生了由若干空格组成的空白区,之后接着输出"abc"。第 4 条语句的输出结果是"123"换行"abc",因为输出"123"后输出"\n"字符,它的作用是使光标换到下一行行首,之后接着输出"abc"。第 5 条语句的输出结果是"abc",因为输出"123"后输出"\r"字符,它的作用是使光标移到该行行首,之后接着输出"abc",把原来输出的"123"覆盖掉了。第 6 条语句的输出结果是"1"2\3'"。

5. 字符串运算

和数值型数据一样,字符串也可以进行运算。在 Python 里,用于字符串运算的符号有 3 个,如表 2-10 所示。

表 2-10   字符串运算符与表达式

运 算 符	实 施 运 算	表 达 式
+	串连接	$s1+s2$
*	串复制	$s*n$
in	串包含	$s1 \text{ in } s2$

其中,"+"是串连接运算符,用于把两个字符串连接生成一个新串。"*"是串复制运算符,用于生成含原字符串多个复制的新串。"in"是包含运算符,是 Python 的关键字,用于判断某个对象是否包含在一个序列里,这里的作用是判断某个字符串是否包含在另一个串中,运算的结果为逻辑值 True 或 False。

字符串运算的程序示例如图 2-17 所示。

图 2-17　字符串运算的程序示例

在该程序中,第 1 条语句是字符串"Python"与"语言"连接生成了"Python 语言";第 2 条语句生成了含有字符串"Python"三个副本的字符串"Python Python Python";第 4 条语句判断"on"是否包含在"Python"中,结果是 True;第 5 条语句,判断"唱歌"是否包含在"运动、书法、乐器"中,结果是 False。

2.4.2　字符串索引与切片

扫一扫

1. 字符串索引

字符串是字符的有序集合,字符串中的字符可以通过序号来获取。

在 Python 里,字符串中字符的序号有非负序号和负序号两种表示方法。

系统规定:

- 长度为 n 的字符串,非负序号是自左向右、从 0 到 $n-1$ 连续编号。
- 负序号是自左向右、从 $-n$ 到 -1 连续编号。

字符串"Python 语言"中字符的序号如图 2-18 所示。它的非负序号是 0~7,最左边"P"的序号是 0,最右边"言"字的序号是 7。它的负序号是 -8~-1,最左边"P"的序号是 -8,最右边"言"字的序号是 -1。

非负序号	0	1	2	3	4	5	6	7	
	P	y	t	h	o	n	语	言	
	-8	-7	-6	-5	-4	-3	-2	-1	负序号

图 2-18　字符串"Python 语言"中字符的序号

对字符串中某个字符的检索叫作字符串索引。对字符进行检索的结果是包含该字符的子串。

字符串索引的格式如下:

字符串对象[序号]

这里的字符串对象可以是字符串常量,也可以是字符串变量。

若 s = "China",则有:

$s[1]$ 的结果是"h"。

$s[-1]$ 的结果是"a"。

"Python语言"[2]的结果是"t"。

"Python语言"[−2]的结果是"语"。

2. 字符串切片

字符串切片是利用序号截取子串的操作。切片是 Python 语言的一大特色,也非常实用。下面以序号采用同一种表示方法(要么为非负序号,要么为负序号)为前提讨论切片问题。若序号的表示方法不同,就要先转换为同一种表示方法。

字符串切片有以下两种常用格式。

格式 1:串对象[m:n]

该格式的作用是截取 $m \sim n$,包括 m 但不包括 n 的数字为序号的字符组成的子串。举例来说,若 s="12345abc",那么 s[1:5]就是截取序号为 1、2、3、4 的字符组成的子串,结果为"2345"。

格式 2:串对象[m:n:d]

该格式的作用是截取 $m \sim n$,包括 m 但不包括 n,步长为 d 的数字为序号的字符组成的子串。举例来说,若 s="12345abc",那么 s[1:5:2]就是截取 1～5,步长为 2 的数字 1、3 为序号的字符组成的子串,结果为"24"。

下面继续以 s="12345abc"为例,就字符串切片作进一步说明。

(1) 对于 $s[m:n]$ 来说。

① 当 $m < n$ 时,$s[m:n]$的结果为正向截取序号为 $m \sim n-1$ 的子串。

如:

$s[2:5]$的结果为"345"。

$s[-7:-4]$的结果为"234"。

② 当 $m > n$ 时,$s[m:n]$的结果为空串。

如:

$s[3:1]$ 的结果为空串。

$s[-1:-3]$的结果为空串。

③ 当省略序号 m 时,$s[:n]$的结果是正向截取序号为 $0 \sim n-1$ 的子串。

如:

$s[:3]$的结果为"123"。

$s[:-4]$的结果为"1234"。

④ 当省略序号 n 时,$s[m:]$的结果是正向截取序号为 m 开始到最后一个字符构成的子串。

如:

$s[5:]$的结果为"abc"。

$s[-5:]$的结果为"45abc"。

⑤ 当 m 和 n 均省略时,$s[:]$的结果是从头至尾截取整个串。

(2) 对于 $s[m:n:d]$ 来说。

① 当 $m<n$ 时,若 $d>0$,$s[m:n:d]$ 的结果是正向截取序号为 $m\sim n-1$ 步长为 d 的字符组成的子串,否则结果为空串。

如:

$s[2:5:2]$ 的结果为"35"。

$s[-7:-4:2]$ 的结果为"24"。

$s[1:5:-1]$ 的结果为空串。

② 当 $m>n$ 时,若 $d<0$,$s[m:n:d]$ 的结果是反向截取序号为 $m\sim n+1$ 步长为 d 的字符组成的子串,否则结果为空串。

如:

$s[6:2:-2]$ 的结果为"b5"。

$s[-1:-4:-2]$ 的结果为"ca"。

$s[-1:-4:1]$ 的结果为空串。

$s[-1:-4:-1]$ 的结果为"cba"。

$s[::-1]$ 的结果为"cba54321"。

(3)当序号 m 与 n 的表示方式不同时,需要转换为相同表示方式,然后利用(1)、(2)中的方法处理。

如:

$s[2:-3]$ 等价于 $s[2:5]$(也等价于 $s[-6:-3]$),结果是"345"。

$s[4:-5]$ 等价于 $s[4:3]$(也等价于 $s[-4:-5]$),结果是空串。

$s[-1:5:-1]$ 等价于 $s[7:5:-1]$(也等价于 $s[-1:-3:-1]$),结果是"cb"

2.4.3 字符串处理函数与方法

扫一扫

1. 字符串处理函数

Python 提供了丰富的字符串处理函数与处理方法。

4 个常用的内置处理函数及其功能如表 2-11 所示。

表 2-11 4 个内置处理函数及其功能

函 数	功 能
len(s)	求字符串 s 的长度
str(x)	把 x 转换为字符串
chr(c)	返回 Unicode 码为 c 的字符
ord(ch)	求字符 ch 的 Unicode 码

在 IDLE 命令交互方式下使用几个函数的程序示例如图 2-19 所示。

在这个程序中,第 1 条语句调用 len 函数求"Python 语言"的长度输出,结果是 8;第 2 条语句调用 str 函数,把 123 和 −123.55 转换成字符串输出,结果分别是 123、−123.55。第 3 条语句调用 chr 函数求 Unicode 码分别为 65 和 28456 的字符输出,结果分别是"A""溨";第 4 条语句调用 ord 函数求字符"a"和汉字"葛"的 Unicode 码输出,结果分别是 97、33883。

```
File  Edit  Shell  Debug  Options  Window  Help
>>> len("Python语言")
8
>>> str(123),str(-123.55)
('123', '-123.55')
>>> chr(65),chr(28456)
('A', '遴')
>>> ord("a"),ord("葛")
(97, 33883)
>>> |
```

图 2-19　使用字符串内置函数的程序示例

2. 字符串处理方法

除了内置函数外,Python 还提供了若干方法用来处理字符串。与 2.1 节中介绍的属性一样,方法也是面向对象程序设计的一个概念。方法实质上就是类里面的函数,它的调用格式和模块里的函数类似,也是通过点运算符(.)实现,只不过点运算符(.)的前面是字符串对象而已。字符串处理方法的调用格式如下。

字符串对象.方法名([参数])

这里的字符串对象既可以是字符串变量,也可以是字符串常量。

下面结合具体的程序例子介绍 8 个常用的字符串处理方法。

(1) lower 方法与 upper 方法。

lower 方法是把字符串中的大写字母转换为小写字母;upper 方法是把字符串中的小写字母转换为大写字母。

使用两个方法的程序示例如图 2-20 所示。

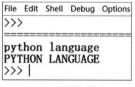

(a) 程序代码　　　　　　　(b) 运行效果

图 2-20　使用 lower 方法和 upper 方法的程序示例

在这个程序中,第 3 行定义了变量 s,并给它赋值一个字符串;第 5 行调用 lower 方法,把 s 中的字母全部转换为小写字母输出,结果为 python language;第 6 行调用 upper 方法,把 s 中的字母全部转换为大写字母输出,结果为 PYTHON LANGUAGE。

(2) split 方法。

split 方法调用的一般格式如下。

字符串对象.split(sep)

该方法的作用是把字符串对象以 sep 指定的内容为分割条件分解成由若干个子串组成的列表。该方法若不带参数 sep,分割条件默认为"空格"。列表的知识在 5.2 节介绍。

在 IDLE 文件执行方式下使用 split 方法的程序示例如图 2-21 所示。

在这个程序中,第 5 行里调用 split 方法没有带参数,从输出结果可以看出,它是以"空

```
File  Edit  Format  Run  Options  Window  Help
1 #使用split方法分离字符串
2
3 s = "Python is an excellent language!"
4
5 print(s.split())
6 print(s.split("a"))
7 print(s.split("an"))
```

```
['Python', 'is', 'an', 'excellent', 'language!']
['Python is ', 'n excellent l', 'ngu', 'ge!']
['Python is ', ' excellent l', 'guage!']
>>>
```

(a) 程序代码   (b) 运行效果

图 2-21　使用 split 方法的程序示例

格"为分割条件,把 *s* 分解成了含 5 个子串的一个列表;第 6 行中调用 split 方法时带了参数
"a",从输出结果可以看出,它是以"a"为分割条件,把 *s* 分解成了含 4 个子串的一个列表;第
7 行中调用时 split 方法时带了参数 "an",从输出结果可以看出,它是以"an"为分割条件,把
s 分解成了含 3 个子串的一个列表。

有关 split 方法的应用实例,参见 7.3.2 节中的【实例 7-1】。

(3) count 方法。

count 方法调用的一般格式如下。

字符串对象.count(sub)

该方法用来统计 sub 指定的子串在字符串对象中出现的次数。

在 IDLE 命令交互方式下使用 count 方法的程序示例如图 2-22 所示。

```
File  Edit  Shell  Debug  Options  Window  Help
>>> s="abcdaabbcdcde"
>>> print(s.count("a"))  #统计子串"a"出现的次数
3
>>> print(s.count("ab"))  #统计子串"ab"出现的次数
2
>>> print(s.count("cd"))  #统计子串"cd"出现的次数
3
```

图 2-22　使用 count 方法的程序示例

在这个程序中,第 1 条语句定义了变量 *s*,并给它赋值一个字符串;第 2 条语句通过调
用 count 方法输出了"a"在 *s* 中出现的次数,结果是 3;第 3 条语句调用 count 方法输出"ab"
在 *s* 中出现的次数,结果是 2;第 4 条语句调用 count 方法输出"cd"在 *s* 中出现的次数,结果
是 3。

(4) replace 方法。

replace 方法调用的一般格式如下。

字符串对象.replace(old, new)

该方法的作用是把参数 old 指定的字符串替换为参数 new 指定的字符串。

在 IDLE 命令交互方式下使用 replace 方法的程序示例,如图 2-23 所示。

在这个程序中,第 1 条语句定义了变量 *s*,并给它赋值一个字符串;第 2 条语句调用
replace 方法,把 *s* 中的"C"替换成了"C ++ "输出,结果是"C ++ 语言,Python 语言,Java 语
言";第 3 条语句调用 replace 方法,把 *s* 中的","替换成了"空格"输出,结果是"C ++ 语言
Python 语言 Java 语言";第 4 条语句调用 replace 方法,把字符串"abc,bce,dcef"中的"ce"替

```
File  Edit  Shell  Debug  Options  Window  Help
>>> s = "C语言,Pyhon语言,Java语言"
>>> print(s.replace("C","C++"))
C++语言,Python语言,Java语言
>>> print(s.replace(","," "))
C语言 Python语言 Java语言
>>> "abc,bce,dcef".replace("ce","")
'abc,b,df'
>>> |
```

图 2-23   使用 replace 方法的程序示例

换成了空串输出,结果是"abc,b,df"。第 4 条语句实质上就是把子串"ce"从原来的串中删除了,请注意这种处理技巧。

(5) center 方法。

center 方法调用的一般格式如下。

字符串对象.center(width, fillchar)

该方法用来把字符串对象的内容按照 width 指定的宽度居中显示。若字符串对象的长度不足 width 指定的宽度,两端用 fillchar 指定的内容填补。若省略参数 fillchar,默认填补"空格"。若 width 指定的宽度小于字符串对象的实际长度,则不产生任何效果。

在 IDLE 命令交互方式下使用 center 方法的程序示例如图 2-24 所示。

```
File  Edit  Shell  Debug  Options  Window  Help
>>> s = "Python"
>>> s.center(20,"=")
'=======Python======='
>>> s.center(20)
'       Python       '
>>> s.center(5,"=")
'Python'
>>> |
```

图 2-24   使用 center 方法的程序示例

在这个程序中,第 1 条语句定义了变量 s,并给它赋值字符串"Python";第 2 条语句调用 center 方法,按 20 列宽度,两端补"="输出 s,结果是"=======Python=======";第 3 条语句调用 center 方法,按 20 列宽度输出 s,结果是"   Python   ";第 4 条语句调用 center 方法,按 5 列宽度,两端补"="输出 s,结果是"Python",因为指定的列宽 5 小于 s 的实际长度 6。

有关 center 方法的应用实例参见 6.1.3 节中图 6-6 中的程序。

(6) strip 方法。

strip 方法调用的一般格式如下。

字符串对象.strip(chars)

该方法的作用是删除字符串首尾出现在参数 chars 中的字符。

在 IDLE 命令交互方式使用 strip 方法的程序示例如图 2-25 所示。

```
File Edit Shell Debug Options Window Help
>>> s = "    ==Python==    "
>>> s.strip(" ")    #删除首尾空格
' ==Python=='
>>> s.strip(" =")    #删除首尾空格和=
'Python'
>>> |
```

图 2-25 使用 strip 方法的程序示例

在这个程序中,第 1 条语句定义了变量 s 并给它赋值一个两端含有"空格"和"="的字符串;第 2 条语句调用 strip 方法,删除了 s 两端的"空格"输出,结果是"==Python==";第 3 条语句调用 strip 方法,删除了 s 两端的"空格"和"="输出,结果是"Python"。

有关 strip 方法的应用实例参见 7.3.2 节中的【实例 7-1】和【实例 7-2】。

（7）join 方法。

join 方法调用的一般格式如下。

填充字符串.join(iter)

该方法的作用是在参数 iter 指定的各项之间添加填充字符串,生成一个新的字符串。

在 IDLE 命令交互方式下使用 join 方法的程序示例如图 2-26 所示。

```
File Edit Shell Debug Options Window Help
>>> s = "Python"
>>> words = ["C语言","Python","Java"]
>>> "+".join(s)
'P+y+t+h+o+n'
>>> " ".join(words)
'C语言 Python Java'
>>> |
```

图 2-26 使用 join 方法的程序示例

在上面的程序中,第 1 条语句定义了变量 s,并给它赋值一个字符串。第 2 条语句定义了变量 words,并给它赋值一个含三个字符串的列表;第 3 条语句调用 join 方法,在 s 的各个字母之间用"+"拼接生成了一个新串,所以输出结果为"P+y+t+h+o+n";第 4 条语句是把原列表中的三个字符串使用"空格"拼接生成了一个新串,所以输出结果为"C 语言 Python Java"。

有关 join 方法的应用实例参见 8.2.3 节图 8-17 中的程序。

2.5 算法与简单程序设计

2.5.1 数据输入输出

对绝大多数的程序来说,往往需要接收用户从键盘上输入的数据,经过处理后把结果输出到屏幕上。

1. 数据输入

在 Python 中,数据的输入是由内置函数 input 完成的。

input 函数使用的一般语句格式如下。

扫一扫

```
变量名 = input([提示信息字符串])
```

该语句的作用是把用户从键盘上输入的一行内容存储到指定的变量中。

在 IDLE 命令交互方式下调用 input 函数实现数据输入的程序示例如图 2-27 所示。

```
File  Edit  Shell  Debug  Options  Window  Help
>>> name = input("输入姓名: ")
输入姓名: 李爱国
>>> name
'李爱国'
>>> age = input("输入年龄: ")
输入年龄: 18
>>> age
'18'
>>> |
```

图 2-27　使用 input 函数输入数据程序示例

在该程序中,第 1 次提示"输入姓名",把用户输入的"李爱国"存到了变量 name 中,接下来输出 name 的值,结果是字符串"李爱国";第 2 次提示"输入年龄",把用户输入的"18"存到了变量 age 中,接下来输出 age 的值,结果是字符串"18"。

关于 input 函数的 3 点说明如下。

(1) 关于输入信息字符串。

input 函数的参数"提示信息字符串"在程序运行时会显示在屏幕上,用来提示用户输入什么、如何输入等。通常情况下该参数是应该提供的。

在 IDLE 命令交互方式下使用 input 函数的程序示例如图 2-28 所示。

```
File  Edit  Shell  Debug  Options  Window  Help
>>> x = input("输入一个整数:  ")
输入一个整数:  100
>>> x = input()
|
```

图 2-28　input 函数的参数程序示例

在这个程序中,第 1 条语句调用 input 函数时带有参数——"输入一个整数: ",执行的时候,该信息会显示在屏幕上,面对提示信息,用户心里很清楚下一步应该做什么。第 2 条语句调用 input 函数时没有带参数,程序执行时屏幕上没有任何显示,用户面对一个空空的屏幕,往往会很茫然,不知道该做什么。

(2) 关于函数的返回值及其处理。

在默认情况下,input 函数的返回值是字符串类型。如果要获得其他类型的数据,就必须进行类型转换。内置函数 int、float 可以分别将由数字字符组成的字符串转换为整数和小数。

使用 int 和 float 函数转换输入数据类型的程序示例如图 2-29 所示。

在该程序中,第 1 条语句使用 int 函数把用户输入的数字串"100"转换成了整数 100,存放到了变量 x 中;第 2 条语句使用 float 函数把用户输入的数字串"1.25"转换成了小数 1.25,存放到了变量 y 中。

```
File Edit Shell Debug Options Window Help
>>> x = int(input("请输入一个整数: "))
请输入一个整数: 100
>>> x
100
>>> y = float(input("请输入一个小数: "))
请输入一个小数: 1.25
>>> y
1.25
>>>
```

图 2-29　使用 int 和 float 函数处理输入数据的程序示例

（3）使用 eval 函数。

Python 提供了一个重要的内置函数 eval，使用它可以方便地处理 input 函数接收的数据。

eval 函数调用的格式如下。

```
eval(参数)
```

该函数的作用是去除参数两端的引号。

如：

eval("'123'") 的结果是整数 123。

eval('1.23') 的结果是浮点数 1.23。

eval("1+3")的结果是整数 4。

eval("1"+"2")的结果是整数 12。

正是因为 eval 函数可以去掉字符串两边的引号，所以在实际编程时，经常把它与 input 函数一起使用，以便去掉 input 函数接收的字符串两端的引号，进而获得想要的数据类型。

常用的语句格式如下。

```
eval(input([提示信息字符串]))
```

在 IDLE 命令交互方式下使用 eval 函数和 input 函数处理输入数据的程序示例如图 2-30 所示。

```
File Edit Shell Debug Options Window Help
>>> #eval函数与input函数连用
>>> eval(input("请输入: "))
请输入: 100
100
>>> eval(input("请输入: "))
请输入: 1.25
1.25
>>> eval(input("请输入: "))
请输入: 1+2
3
>>> eval(input("请输入: "))
请输入: 1/2
0.5
>>> eval(input("请输入: "))
请输入: hello
Traceback (most recent call last):
  File "<pyshell#45>", line 1, in <module>
    eval(input("请输入: "))
  File "<string>", line 1, in <module>
NameError: name 'hello' is not defined
>>>
```

图 2-30　使用 eval 函数和 input 函数处理输入数据的程序示例

在这个程序中,执行第 1 条语句时,接收的是串"100",去除其两端的引号,得到整数 100。执行第 2 条语句时,接收的是串"1.25",去除其两端的引号,得到小数 1.25。执行第 3 条语句时,接收的是串"1+2",去除其两端的引号,得到算式 1+2,结果是 3;执行第 4 条语句时,接收的是串"1/2",去除其两端的引号,得到算式 1/2,结果是 0.5;执行第 5 条语句时,接收的是串"hello",运行出错,因为去除其两端的引号后是 hello,系统会把 hello 当作变量名来处理,由于该变量事先没有定义,所以导致了运行出错。像这种因为输入数据的格式不正确而导致程序运行出错的现象叫作程序异常,程序异常的处理在 3.3.3 节介绍。

2. 数据输出

在 Python 中,数据的输出由内置函数 print 完成。

(1) 使用 print 函数输出空行。

print 函数不带参数时,作用是输出一个空行。

在 IDLE 命令交互方式下使用 print 函数输出空行的程序示例如图 2-31 所示。

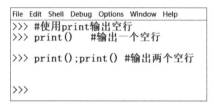

图 2-31　使用 print 函数输出空行的程序示例

在这个程序中,第 1 条语句调用 print 函数一次,执行时输出了一个空行。第 2 条语句调用 print 函数两次,执行时输出了两个空行。

(2) 使用 print 函数输出单项数据。

输出单项数据的语句格式如下。

```
print(对象)
```

该语句的作用是输出指定对象的内容后换行。这里的对象可以是常量、变量、表达式等。

常量也叫作常数,是可以直接写在程序里使用的量。例如,123、3.15、"Python"分别是整型常量、浮点型常量、字符串常量。

在 IDLE 命令交互方式下使用 print 函数输出单项数据的程序示例,如图 2-32 所示。

图 2-32　使用 print 函数输出单项数据的程序示例

在这个程序中,第 1 条语句输出了整数常量 100。第 2 条语句输出了字符串常量"Python 语言"。第 3 条语句输出了变量 price 的值。第 4 条语句输出了算式 2 * price 的值。第 5 条语句直接把 input 函数作为 print 函数的参数,输出了 input 函数接收的内容。

(3) 使用 print 函数输出多项数据。

输出多项数据的语句格式如下。

```
print(对象 1,对象 2,…,对象 n)
```

该语句的作用是把指定的 n 个对象的内容自左向右逐个输出到屏幕上,然后换行。这里的对象可以是常量、变量、表达式等。

在默认情况下,各个对象的输出数据项之间用一个"空格"字符隔开。使用(4)中介绍的方法可以设置数据项之间的分隔符。

在 IDLE 命令交互方式下使用 print 函数输出多项数据的程序示例,如图 2-33 所示。

```
File  Edit  Shell  Debug  Options  Window  Help
>>> #使用print输出多个数据项
>>> print("书名是:","Python语言")
书名是: Python语言
>>> print("数量是:",1000)
数量是: 1000
>>> print("单价是:",45.5)
单价是: 45.5
>>> x=100;y=1.25    #定义变量
>>> print(x,"+",y,"=",x+y)    #常量、变量和表达式
100 + 1.25 = 101.25
>>>
```

图 2-33　使用 print 函数输出多项数据的程序示例

在这个程序中,第 1 条语句输出了两个字符串常量。第 2 条语句输出了一个字符串常量和一个整数常量。第 3 条语句输出了一个字符串常量和一个小数常量。第 4 条语句输出了 5 个数据项,包括两个变量 x、y,两个串常量"+"、"=",一个算式 x+y,执行的效果是输出了两个数的求和公式。从运行结果可以看出,数据项与数据项之间都默认留有一个"空格"。

(4) 指定数据项之间的分隔符和输出结束符。

在默认情况下,使用 print 函数输出多个数据时,数据与数据之间用一个"空格"隔开,最后以"换行符"结束。如果输出的数据项之间不想使用"空格"隔开,可以通过 sep 参数设置;如果末尾不想输出"换行符",可以通过 end 参数设置。

设置的语句格式如下。

```
print(对象列表,sep = "字符",end="字符")
```

在 IDLE 命令交互方式下使用 print 函数输出多项数据并指定分隔符和结束符的程序示例,如图 2-34 所示。

在这个程序中,第 1 条语句含有两条 print 调用语句,它们均未设置 sep 和 end 参数,所以输出时 1 和 2 之间以"空格"分隔,2 和 3 的后面都输出了"换行符"。第 2 条语句也含有两条 print 调用语句,第 1 次调用设置了 sep 参数为"+"、end 参数为"=";第 2 次调用没有设置参数,所以输出时 1 和 2 之间用"+"分隔,2 的后面是"=",3 的后面是"换行符"。

```
File  Edit  Shell  Debug  Options  Window  Help
>>> #设置数据间的分隔符和输出结束符
>>>
>>> print(1, 2);print(3)
1 2
3
>>> print(1, 2, sep="+", end="=");print(3)
1+2=3
>>> |
```

图 2-34　指定输出数据的分隔符和结束符的程序示例

扫一扫

（5）使用字符串的 format 方法精确控制输出格式。

在实际编程时，只把数据输出到屏幕上是不够的，往往需要对输出的数据进行格式上的严格控制。例如，对输出数据所占列的宽度、小数点后要保留的位数进行精确控制等。使用字符串的 format 方法可以实现数据输出格式的精确控制。

使用 format 方法控制输出的语句格式如下。

```
print("格式字符串".format(对象列表))
```

该方法实现的功能是把对象列表中的对象按照格式字符串中槽的位置和槽中设置的格式输出到屏幕上，然后换行。

格式字符串中的槽是使用一对大括号（{}）括起来的部分。自左向右，每一个槽对应于 format 方法中的一个对象，用于指定该对象要输出的位置和格式。如果槽是空的，则按默认的顺序和格式输出。

在 IDLE 命令交互方式下使用空槽输出数据的程序示例，如图 2-35 所示。

```
File  Edit  Shell  Debug  Options  Window  Help
>>> #使用字符串格式化方法format
>>> name = "李爱国"
>>> age = 20
>>> print("名字是{}, 年龄是{}岁".format(name, age))




名字是李爱国, 年龄是20岁
>>> |
```

图 2-35　使用空槽控制输出的程序示例

在这个程序中，首先定义变量 name 存了字符串"李爱国"，定义变量 age 存了整数 20。之后把 name 和 age 作为 format 方法的输出对象。格式字符串中有两个空槽，执行时，name 便显示在左边第 1 个槽的位置，age 显示在第 2 个槽的位置，输出结果是"名字是李爱国，年龄 20 岁"。

事实上，参数列表中每一个要输出的对象都拥有自己的序号。系统为每个对象自左向右从 0 开始连续编号。在槽内通过写明序号的方法可以明确指定该槽输出的对象。

在 IDLE 命令交互方式下通过在槽中写明序号控制输出数据的程序示例，如图 2-36 所示。

在这个程序中，第 2 条 print 语句把前面一条 print 语句输出列表中的 name 和 age 交

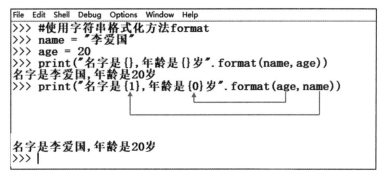

图 2-36 在槽中写明序号控制输出的程序示例

换了位置,格式字符串第 1 个槽中是 1,第 2 个槽中是 0。这样,程序运行时序号为 0 的 age 项显示在第 2 个槽的位置,序号为 1 的 name 项则显示在左边第 1 个槽的位置。

在 Python 中,除了指定序号外,还可以通过在槽中设置格式标记来精准控制输出格式。

设置格式标记的格式如下。

{:格式控制标记}

格式控制标记的组成情况如图 2-37 所示。自左向右依次是填充字符、对齐格式、所占列宽、千位分隔符、小数位数和数值类型 6 部分。后面 3 项针对数值型数据,前面 3 项对任意类型的数据都适应。6 部分都不是必需的,都是可选的,可以组合使用,但前后顺序不可以打乱。

填充 字符	对齐 方式	所占 宽度	千位 分隔符	小数 位数	数值 类型

图 2-37 格式控制标记的组成情况

前面 3 项的内容如下。

"填充字符":用来指定当设置的列宽大于数据实际位数时,多出的列输出的字符;若不指定该项,则默认显示"空格"。

"对齐方式":用来指定当设置列的宽度大于数据实际位数时,数据的对齐方式。设置时,用"<"表示左对齐;用">"表示右对齐;用"^"表示居中对齐。

缺省对齐方式时,对于字符串型的数据是左对齐,对于数值型数据是右对齐。

"所占宽度":用来指定数据输出所占列的宽度,当指定的列宽小于实际宽度时,指定的列宽无效。

在 IDLE 命令交互方式下设置列宽、对齐方式和填充字符的程序示例,如图 2-38 所示。

在这个程序中,首先定义了变量 name,存了字符串"Alice";定义了变量 age,存了整数 19。然后连续把它们输出 4 次。第 1 次输出时,分别指定了宽度 4 和 1,由于小于数据的实际位数 5 和 2,所以指定的列宽不起作用。第 2 次输出时,分别指定了宽度 8 和 5。从输出结果可以看出,对于字符串类型 name,是左对齐右边补空格,而对数值型 age,是右对齐左

```
File Edit Shell Debug Options Window Help
>>> #指定列宽、对齐方式和填充字符
>>>
>>> name="Alice"
>>> age=19
>>>
>>> #指定列宽无效
>>> print("|{:4}||{:1}|".format(name,age))
|Alice||19|
>>>
>>> #字符串左对齐，数值右对齐
>>> print("|{:8}||{:5}|".format(name,age))
|Alice   ||   19|
>>>
>>> #指定左对齐，右对齐，分别填充*和+
>>> print("|{:*>8}||{:+<5}|".format(name,age))
|***Alice||19+++|
>>>
>>> #指定居中对齐，补#
>>> print("|{:#^8}||{:#^5}|".format(name,age))
|#Alice##||#19##|
>>>
```

图 2-38　设置输出列宽、对齐方式和填充字符的程序示例

边补空格。第 3 次输出时,指定了宽度分别是 8 和 5,对齐方式分别是右对齐和左对齐,填充字符分别是"＊"和"＋"。第 4 次输出时,指定了宽度分别是 8 和 5,对齐方式都是居中对齐,填充字符都是"♯"。

后面 3 项的内容如下。

"千位分隔符"项用来指定数值型数据是否显示千位分隔符逗号(,),省略该项时为不显示。

"小数位数"项是使用".n"的形式,按四舍五入方式保留小数点后 n 位精度。省略该项时,默认输出小数点后 6 位(四舍五入),不足 6 位时在右边补零。

"数值类型"项用来指定数值型数据输出的类型。设置时的具体内容如下。

① 用"d"指定输出十进制整数。

② 用"b"指定输出二进制整数。

③ 用"o"指定输出八进制整数。

④ 用"x"或"X"指定输出十六进制整数。

⑤ 用"f"指定输出十进制小数。

⑥ 用"e"或"E"指定输出小数的科学计数形式。

⑦ 用"％"指定输出百分制形式。

通过在字母 b、o、x 或 X 前加"♯",指定输出整数对应进制数的前导符号——二进制输出 0b、八进制数输出 0o、十六进制输出 0x 或 0X。

在 IDLE 命令交互方式下设置整数类型控制标记的程序示例,如图 2-39 所示。

```
IDLE Shell 3.8.9
File Edit Shell Debug Options Window Help
>>> #输出整数不同形式
>>> print("{:d}, {:b}".format(100, 100))
100, 1100100
>>>
>>> print("{:o}, {:x}".format(100, 100))
144, 64
>>>
>>> print("{:#o}, {:#x}".format(100, 100))
0o144, 0x64
>>>
```

图 2-39　设置整数类型控制标记的程序示例

在这个程序中,第 1 条语句输出了 100 的十进制和二进制,没有指定前导符。第 2 条语句输出了 100 的八进制和十六进制,也没有指定前导符。第 3 条语句输出了 100 的八进制和十六进制,并使用"♯"控制输出了前导符号 0o 和 0x。

在 IDLE 命令交互方式下设置浮点类型和小数位数的程序示例,如图 2-40 所示。

图 2-40　设置浮点类型和小数位数的程序示例

在这个程序中,先定义了变量 x,存了浮点数 123.4567。其后面的第 1 条语句分别输出了 x 的十进制和科学计数形式,由于没有指定小数位数,所以系统默认保留了小数点后 6 位。第 2 条语句分别输出了 x 的十进制和科学计数形式,并指定了小数位数,所以输出时小数点后都保留了两位精度。

在 IDLE 命令交互方式下指定千位分隔符和按百分比输出的程序示例,如图 2-41 所示。

图 2-41　设置千位分隔符和百分比控制符的程序示例

在这个程序中,首先定义了变量 x,存了整数 15000;定义了变量 y,存了浮点数 12345.456,随后指定显示千位分隔符输出了 x 和 y 的值。之后对 x、y 重新赋值,x 存了整数 12,y 存了浮点数 1.25,并指定使用百分比的形式输出了 x 和 y 的值。

2.5.2　算法简介

扫一扫

算法设计是程序设计的核心。它直接决定了能否编出程序,能否编出好程序,所以人们把算法设计称为程序设计的灵魂。

1. 算法及其基本结构

算法是计算机用来解决问题的方法和步骤的统称。根据执行的情况不同,算法分为顺序结构、分支结构和循环结构 3 种基本类型。

（1）顺序结构。

顺序结构是最简单、最基本的算法结构。在这种结构中,所有的步骤都是自上而下顺序执行的。求输入整数 x 的平方 powX 输出的算法如图 2-42 所示。这个问题分成 3 步来完

成：第1步输入 x。第2步求 x 的平方 powX。第3步输出 x 和 powX。3个步骤自上而下顺序执行即可完成任务。

求输入整数x的平方powX输出

第1步：输入x
第2步：求x的平方powX
第3步：输出x和powX

图 2-42　求整数 x 的平方 powX 输出的算法

（2）分支结构。

分支结构是根据某一条件的"真"或"假"，从若干个步骤中选择一个来执行，所以也把分支结构叫作选择结构。求输入整数 x 的算术平方根 sqrX 输出的算法，如图 2-43 所示。这个问题分成四步来完成：第1步输入 x。第2步判断 x 是否为非负数，若条件成立，则执行第3步求 sqrX，输出 x 和 sqrX 后结束程序；若条件不成立，则执行第4步，输出"负数不能求平方根"的信息后结束程序。很显然，执行到第2步时，根据条件 x 是否为非负数的"真"或"假"，从第3步和第4步中选择一个步骤执行。

求输入整数x的算术平方根sqrX输出

第1步：输入x
第2步：判断x是否为非负数的条件
　　　　若条件为真就执行第3步
　　　　若条件为假就执行第4步
第2步：求sqrX
　　　　输出x和sqrX，然后结束程序
第4步：输出负数不能求平方根的信息，然后结束程序

图 2-43　求整数 x 的算术平方根 sqrX 输出的算法

（3）循环结构。

循环结构是根据某一条件的"真"或"假"控制某个步骤反复执行若干次，所以也把循环结构叫作重复结构。在屏幕上输出 10 行"我很喜欢 Python"的算法，如图 2-44 所示。这个问题分成4步来完成：第1步定义一个用来计数的变量 i，令它取 1。第2步判断 $i<=10$ 的条件是否成立，若条件为"真"，则执行第3步，输出一行"我很喜欢 Python"，然后令 i 增加 1，再返回到第2步，继续判断 $i<=10$ 是否成立，如果成立，则再次执行第3步……这样反复进行下去，直到 $i<=10$ 的条件变为"假"，则执行第4步，结束程序。很显然，执行到第2步时，是根据条件 $i<=10$ 的成立与否控制第3步反复执行了 10 次。

在屏幕上输出10行"我很喜欢Python"的信息

第1步：定义一个用来计数的变量i，令 i = 1
第2步：判断i<=10的条件是否成立
　　　　若条件为真就执行第3步
　　　　若条件为假就执行第4步
第3步：输出一行"我很喜欢Python"
　　　　然后令i增加1，再返回到第2步
第4步：结束程序

图 2-44　输出 10 行"我很喜欢 Python"的算法

2. 使用流程图描述算法

在实际应用中,通常不直接使用文字来描述算法,而是使用图形描述,因为使用图形比使用文字更加直观、清晰和准确。目前,最常用的算法图形描述工具是流程图。流程图的基本图形符号及作用如表 2-12 所示。

表 2-12 流程图基本图形符号

名 称	图 形 符 号	作 用
圆角矩形		开始与结束
平行四边形		输入与输出
菱形		条件判断
矩形		数据处理
圆圈		流程交汇
箭头		执行流程

3 种基本算法结构的简单流程图如图 2-45 所示。本书第 1 章和第 2 章讨论顺序结构的简单程序设计,第 3 章讨论分支结构的程序设计,第 4 章讨论循环结构的程序设计,从第 5 章开始讨论复杂结构的程序设计。

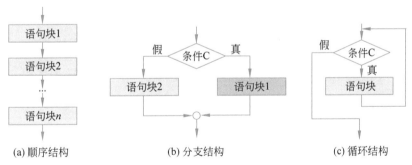

图 2-45　3 种基本算法结构的简单流程图

2.5.3　自上而下的程序设计方法

1. 概述

扫一扫

瑞士著名的计算机科学家尼古拉斯·沃斯(Niklaus Wirth)在 20 世纪 70 年代提出一个公式"数据结构＋算法＝程序",奠定了程序设计的理论基石。他用这个简单直观的公式告诉人们,进行程序设计无外乎两方面的工作:一方面是确定程序的数据结构,另一方面是设计算法。就确定数据结构来说,意味着进行程序设计首先要确定程序中要使用什么结构来组织和存储数据,因为数据的组织方式不同,程序实现的方法就会不一样。明确了数据结构,就可以进入算法设计。沃斯最大的贡献就是提出了"自上而下,逐步求精"的算法设计思想。遵循这一思想,在进行算法设计时,应该按照自上而下的顺序把计算机的执行过程概要地分成若干步骤,然后从第一步开始,对每一个步骤继续按照"自上而下、逐步求精"的原则进行分解和细化,这样反复进行下去,直到每一步都足够简单,可以直接使用语句实现为止。

计算机科学家简介

尼古拉斯·沃斯(Niklaus Wirth,1934年2月15日—),瑞士著名计算机科学家、Pascal之父。他因提出著名的公式:算法+数据结构=程序,于1984年获得图灵奖。1963年,他在美国加州大学伯克利分校取得博士学位,后被斯坦福大学聘到计算机科学系工作,在斯坦福大学成功开发出 Algol W 以及 PL360。1967年回到瑞士。第二年,他在母校苏黎世工学院创建与实现了 Pascal 语言。1971年4月,他发表了论文 *Program Development by Stepwise Refinement*,成为程序开发的一个标准方法,尤其是在后来发展起来的软件工程中获得广泛应用。

2. 一个简单程序设计实例

(1)问题描述。

【实例 1-1】 编程实现输入商品的名称、数量、单价和折扣,求商品的总费用输出。要求按照图 2-46 中给定的样例输入和输出数据。

```
输入名称: UDisc
输入数量: 101
输入单价: 78.55
输入折扣: 0.15
+--------+--------+--------+--------+--------+
|  Name  | Count  | Price  |  Disc  |  Fee   |
+--------+--------+--------+--------+--------+
| UDisc  |  101   |  78.55 | 15.0%  |¥6743.52|
+--------+--------+--------+--------+--------+
```

图 2-46 数据输入与输出格式样例

(2)程序设计过程。

首先确定程序的数据结构。经过分析得出,程序中需要用到 5 个变量,详细信息如表 2-13 所示。

表 2-13 程序中的变量

序 号	变 量 名	类 型	说 明
1	name	string	商品的名称
2	n	int	商品的数量
3	price	float	商品的单价
4	disc	float	商品的折扣
5	fee	float	商品的总费用

确定数据结构之后,就可以按照"自上而下,逐步求精"的原则进行算法设计。第一轮设计可以把整个执行过程概略地分成 3 步,如图 2-47 所示。

第一轮设计

| 第1步 输入数据 |
| 第2步 求总费用(fee = n * price * (1-disc)) |
| 第3步 输出数据 |

图 2-47　第一轮算法设计

在上述 3 个步骤中,第 2 步已经足够简单,不需要继续设计。第 1 步和第 3 步需要进行第二轮设计。对照图 2-46 所示的输入样式,可以将第 1 步分解为 4 步,如图 2-48 所示。由于每一步都足够简单,所以不需要继续设计。

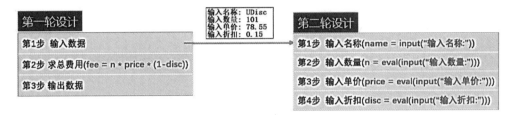

图 2-48　第 1 步的第二轮设计

对照图 2-46 所示的输出样式,可以将第 3 步分解为 5 步,如图 2-49 所示。由于第 1 步、第 3 步、第 5 步已足够简单,不需要继续设计。第 2 步和第 4 步需要进行第三轮设计。

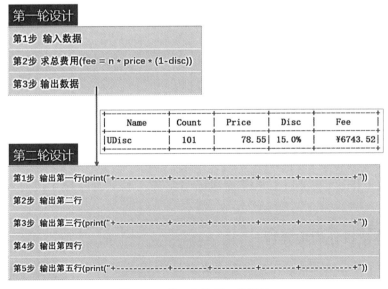

图 2-49　第 3 步的第二轮设计

对照图 2-46 所示的输出样式分析,确定了第 2 步、第 4 步的第三轮设计方案如图 2-50 所示。由于它们都足够简单,不需要继续设计。

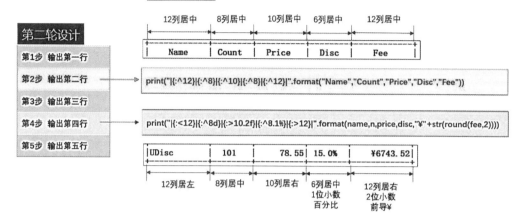

图 2-50　第 2 步与第 4 步的第三轮设计

至此,整个程序设计完毕,得出了整个程序算法的流程图,如图 2-51 所示。

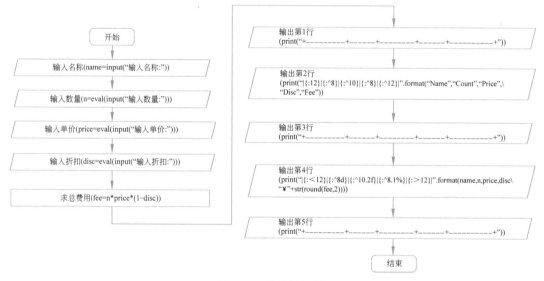

图 2-51　算法流程图

完成上述工作后,就可以上机完成编码与实现。本实例的程序代码和运行效果如图 2-52 所示。

▶▶▶ 理解算法设计的重要性

算法设计是计算机技术应用的一个重要方面,也是国家实施重大技术攻关的一个重要领域。通过本书学习,希望读者能够理解算法的重要性,并打牢算法设计的基础,为以后理解和设计复杂的算法储备力量,更好地服务于国家建设。

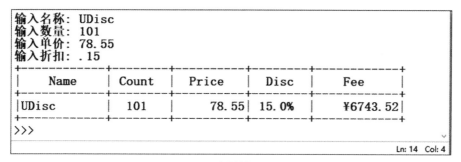

(a) 程序代码

```
输入名称: UDisc
输入数量: 101
输入单价: 78.55
输入折扣: .15

+-------------+---------+-----------+----------+-------------+
|    Name     |  Count  |   Price   |   Disc   |     Fee     |
+-------------+---------+-----------+----------+-------------+
|UDisc        |   101   |     78.55|  15.0%   |    ¥6743.52|
+-------------+---------+-----------+----------+-------------+
>>>
```

(b) 运行效果

图 2-52 程序代码与运行效果

2.6 习题与上机编程

一、单项选择题

1. _____不是 Python 的关键字。

    A) as   B) if   C) false   D) break

2. _____是 Python 合法的标识符。

    A) _1   B) if   C) a-1   D) 1a

3. Python 中 3 个基本数值类型是_____。

    A) 整数类型、二进制类型、浮点数类型

    B) 整数类型、十进制类型、复数类型

    C) 整数类型、八进制类型、浮点数类型

D) 整数类型、浮点数类型、复数类型

4. 在 IDLE 的命令行执行 oct(100)的输出结果是_____。

    A) 0b1708   B) 0o1010   C) 0B1010   D) 0BC3F

5. _____是 Python 合法的八进制整数。

    A) 100   B) 0o144   C) 0o122   D) 0x64

6. _____不是 Python 合法的复数。

    A) 1+j   B) −1j   C) 1 + 2j   D) 2.5j

7. 以下关于 Python 中的变量的说法,不正确的是_____。

    A) 变量必须先定义后引用

    B) 变量的类型是不固定的

    C) 变量的名字只要符合规则就可以随便命名

    D) 系统在运行程序时为定义的变量分配内存

8. 以下关于 Python 中变量的说法,正确的是_____。

    A) 随时命名、随时赋值、随时变换类型

    B) 随时声明、随时使用、随时释放

    C) 随时命名、随时赋值、随时使用

    D) 随时声明、随时赋值、随时变换类型

9. 以下算式中,_____的输出结果不是 1.0。

    A) 2/2   B) 3//2   C) 3//2.0   D) 2//2.0

10. 若 x 的值是 1365,则表达式 x//10％10 的结果是_____。

    A) 5   B) 6   C) 3   D) 1

11. 若 x=3-4j,则以下关于 abs(x)的说法,正确的是_____。

    A) 可以处理,结果是 3   B) 可以处理,结果是 4

    C) 可以处理,结果是 5   D) 可以处理,结果是 5.0

12. pow(3,2,5)的值是_____。

    A) 3   B) 2   C) 4   D) 5

13. 以下表示"退格"字符的转义字符是_____。

    A) \a   B) \b   C) \n   D) \r

14. 假设 x=1,那么 x＊=3+5＊＊2 的值是_____。

    A) 13   B) 14   C) 28   D) 29

15. 1.23e-4＋5.67e＋8j.real 的运算结果是_____。

    A) 0.000123   B) 1.23   C) 5.67e＋8   D) 1.23e-4

16. 若 name="Python 语言程序设计",则以下输出错误的是_____。

    A) >>>print(name[0],name[-1])

        P 计

    B) >>>print(name[:])

        'Python 语言程序设计'

    C) >>>print(name[11:])

        '程序设计'

D) ＞＞＞print(name[：6])

'Python'

17. 若 s="ABCD",则 s.center(10,"+")的结果是_____。

    A) '+++++ABCD'   B) 'ABCD +++++'

    C) '+++ ABCD+++'   D) '+++ ABCD'

18. 若 s="+ABCD++",则 s.strip("+")的结果是_____。

    A) '+ABCD'   B) 'ABCD ++'   C) '+ABCD++'   D) 'ABCD'

19. 若 s="ABCD",则".".join(s)的结果是_____。

    A) '.A.B.C.D'   B) 'A.B.C.D. '   C) 'A.B.C.D'   D) '.ABCD. '

20. 在 Python 中,可以用来删除字符串首尾空格的方法是_____。

    A) split   B) replace   C) strip   D) join

21. 以下关于 eval("hello")的说法,不正确的是_____。

    A) eval 函数的作用是去掉"hello"两边的引号

    B) 若 hello 是系统已经定义的变量,则它就是该变量的值

    C) 该函数的执行结果不可能是字符串

    D) 若 hello 不是系统已经定义的变量名,则运行出错

22. 以下选项中,输出结果不是字符串"11"的是_____。

    A) print("1"+ "1")   B) print(eval("1"+ "1"))

    C) print("11")   D) print("ab11abc"[2:4])

23. 若有:

```
print(1, 2, sep='+',end='=')
print(3)
```

执行上述代码的输出结果是_____。

    A) 1 2=3   B) 1+2=3

    C) 1+2   D) 1=2+3

        3=

24. print("|{:3}|{:3}|".format("1",1))的输出结果是_____。

    A) |1 | 1| B) | 1| 1| C) |1 | 1| D) | 1|1 |

25. 以下不是算法基本结构的是_____。

    A) 顺序结构   B) 分支结构   C) 循环结构   D) 跳转结构

二、 判断题

1. Python 是严格区分大小写字母的计算机语言。   (   )

    A) √   B) ×

2. 在 Python 中,逻辑型数据是整数的一个子集。   (   )

    A) √   B) ×

3. 在 Python 中,逻辑型数据只有 true 和 false 两个值。   (   )

    A) √   B) ×

4. 在 Python 中,可以使用 delete 关键字删除变量。   (   )

A) √　　　　　　　B) ×

5. 在 Python 中,整数之间取余(%)运算的结果一定是整数。　　　　(　　)

   A) √　　　　　　　B) ×

6. 在 Python 中,乘方运算的运算符是^。　　　　　　　　　　　　(　　)

   A) √　　　　　　　B) ×

7. 在 Python 中,任何单一字符的长度都是1。　　　　　　　　　　(　　)

   A) √　　　　　　　B) ×

8. 字符串最大的子串是该字符串本身。　　　　　　　　　　　　　(　　)

   A) √　　　　　　　B) ×

9. 在 Python 中,不允许对字符串反向切片。　　　　　　　　　　　(　　)

   A) √　　　　　　　B) ×

10. 在 Python 中,通过对字符串切片操作可以实现字符串的逆置。　　(　　)

    A) √　　　　　　　B) ×

11. 表达式 int("a")的值是字母 a 的 Unicode 码。　　　　　　　　(　　)

    A) √　　　　　　　B) ×

12. 在 Python 中,字符串 split 方法的执行结果是字符串类型。　　　(　　)

    A) √　　　　　　　B) ×

13. 在 Python 中,表达式"{1: ^5}".format(100,20)的结果是 "100"。　(　　)

    A) √　　　　　　　B) ×

14. 一个 Python 程序中必须同时包含顺序、分支和循环 3 种结构。　　(　　)

    A) √　　　　　　　B) ×

15. 在流程图中,平行四边形表示数据的输入和输出。　　　　　　　(　　)

    A) √　　　　　　　B) ×

三、 应用题

1. 写出以下各表达式的运算结果。

   (1) 1+2-3 * 5**2　　　　　(2) 5%3+3/2　　　　　(3) 8%3+5//2

2. 若 $x=2,y=3$,写出以下各表达式的运算结果。

   (1) x=－x　　　　　　　(2) y+＝x　　　　　　(3) (x－y)**3

3. 写出以下各表达式的运算结果。

   (1) "+" * 3　　　　　　　(2) "123"＋"456"　　　　(3) "ab" in "ab"

4. 写出以下表达式的运算结果。

   (1) "Python"[1]　　　　　(2) "Python"[－1]　　　　(3) "Python"[1:3]

   (4) "Python"[3:－1]　　　(5) "Python"[－3:－1]

5. 若 $s=$"abc123",写出以下各表达式的运算结果。

   (1) $s[1]$　　　　　　　(2) $s[-1]$　　　　　　(3) $s[1:5:2]$

   (4) $s[3:-1]$　　　　　　(5) $s[-1:-2]$

四、 使用 IDLE 命令交互方式编程

1. 输出表达式 $x=\dfrac{(3^4+5-6\times7)}{8}$ 的结果。

```
>>>
```

2. 若 $a=5, b=6, c=7$,利用下面的式子计算并输出 p 和 s 的值。

(1) $p = \dfrac{a+b+c}{2}$

(2) $s = \sqrt{p(p-a)(p-b)(p-c)}$

```
>>>a=5; b=6; c=7
>>>
>>>
```

五、 使用 IDLE 文件执行方式编程

1. 输出字符

(1) 题目内容：编程实现,输入一个 Unicode 码值(0～127 的整数),输出与其对应的字符。

(2) 输入格式：一个 0～127 的整数。

(3) 输出格式：一个字符。

(4) 输入样例。

```
97
```

(5) 输出样例。

```
a
```

2. 拆分整数

(1) 题目内容：编程实现,输入一个 4 位正整数,逆序输出这个数。

(2) 输入格式：一个 4 位的正整数

(3) 输出格式：在同一行输出 4 个用空格分隔的一位整数。

(4) 输入样例：

```
1234
```

(5) 输出样例：

```
4 3 2 1
```

3. 计算能量

(1) 题目内容：编程实现,计算将水从初始温度加热到最终温度所需的能量输出。

要求：输入水的质量、初始温度和最终温度,结果保留小数点后 1 位。计算能量的公式如下。

$$q = m \times (t_2 - t_1) \times 4184$$

其中：m 是以"千克"为单位的水质量；t_1 为初始温度,t_2 为最终温度,单位为℃。

（2）输入格式：3行数据（1行输入1个）。

（3）输出格式：以J为单位的能量。

（4）输入样例。

```
55.5
3.5
10.5
```

（5）输出样例。

```
1625484.0
```

第 **3** 章　　**分支程序设计**

本章学习目标

- 理解条件表达式、程序异常的概念
- 掌握关系、逻辑运算符及表达式
- 熟练掌握使用 if-else 语句、if 语句设计简单分支程序的方法
- 熟悉 os 库、math 库的常用函数及用法
- 理解闪屏问题及其处理的两种常用方法
- 熟练掌握使用分支嵌套和 if-elif-else 语句设计复杂分支程序的方法
- 掌握程序异常的处理方法

　　本章研究分支结构的程序设计。主要介绍关系与逻辑运算、双路分支语句 if-else、条件表达式、单路分支语句 if、os 库、math 库、分支嵌套、多路分支语句 if-elif-else、程序异常及其处理。

 关系与逻辑运算

扫一扫

3.1.1　关系运算

1. 运算符和表达式

　　关系运算也叫作比较运算。关系运算用来确定两个对象之间的大小关系。关系运算的结果是逻辑值 True 或 False。Python 提供了 6 个关系运算符，分别是大于（＞）、小于（＜）、大于或等于（＞＝）、小于或等于（＜＝）、等于（＝＝）和不等于（!＝），如表 3-1 所示。

表 2-1　关系运算符和表达式

运　算　符	实施运算	优　先　级	表　达　式
>	大于	高	$x > y$
<	小于		$x < y$
>=	大于或等于		$x >= y$
<=	小于或等于		$x <= y$
==	等于	低	$x == y$
!=	不等于		$x != y$

2.4 点说明

（1）关系运算的适用范围。

不是所有类型的数据之间都可进行关系运算。数值型与字符串类型之间、复数与复数之间不可以进行表 2-1 所示的前 4 种运算。

不同数据类型数据间关系运算的程序示例如图 3-1 所示。

```
File Edit Shell Debug Options Window Help
>>> 1 >= -10      #整数间比较，合法
True
>>> 1.5 <= 2      #小数与整数间比较，合法
True
>>> 1.5 > 1.25    #小数与小数间比较，合法
True
>>> "ab" > "Ab"   #字符串与字符串间比较，合法
True
>>> True >= False #逻辑值间比较，合法
True
>>> 1 >= "1"      #整数与串间比较，非法
Traceback (most recent call last):
  File "<pyshell#5>", line 1, in <module>
    1 >= "1"      #整数与串间比较，非法
TypeError: '>=' not supported between instances of 'int' and 'str'
>>> 2j > -1j      #复数之间比较非法
Traceback (most recent call last):
  File "<pyshell#6>", line 1, in <module>
    2j > -1j      #复数之间比较非法
TypeError: '>' not supported between instances of 'complex' and 'complex'
>>>
```

图 3-1　不同数据类型数据间关系运算的程序示例

在这个程序中，第 1 条语句是整数 1 与整数 -10 进行比较，结果是 True。第 2 条语句是浮点数 1.5 与整数 2 进行比较，结果是 True。第 3 条语句是浮点数 1.5 与浮点数 1.25 进行比较，结果是 True。第 4 条语句是字符串"ab"与字符串"Ab"进行比较，结果是 True。第 5 条语句是逻辑值 True 与 False 进行比较，2.2.3 节中介绍过，逻辑值 True 与 False 可以看作整数 1 和 0，可以比较大小，结果是 True。第 6 条语、第 7 条语句分别是整数 1 和字符串"1"、复数 2j 与复数-1j 之间进行比较，程序运行出错，系统提示整数与字符串之间、复数与复数之间不支持">="和">"运算。

（2）字符串之间的关系运算。

字符串之间比较大小时，是自左向右逐个比较对应位置字符的 Unicode 码，只要能确定结果，就停止比较。

① 对于字母来说，小写字母 a 的 Unicode 码是 97，大写字母 A 是 65，大写字母之间、小写字母之间均连续编码，小写字母比与其对应的大写字母的 Unicode 码大 32。

② 对于数字字符来说，字符 0 的 Unicode 码是 48，字符 0～9 也是连续编码。

③ 对于汉字来说,可以理解为是对汉字对应的汉语拼音之间进行比较。

字符串之间关系运算的程序示例如图 3-2 所示。

```
File  Edit  Shell  Debug  Options  Window  Help
>>> #字符串间比较
>>> "Abc">"a"      #"A"与"a"比较即确定结果为假
False
>>>
>>> "Abc"<="Abd"   #"c"与"d"比较确定结果为真
True
>>>
>>> #数字串比较
>>> "123" <= "11111"   #"2"与"1"比较确定结果为假
False
>>>
>>> #汉字间比较
>>> "马大强" > "马小强"   #"d"与"x"比较确定结果为假
False
>>> |
```

图 3-2   字符串间关系运算的程序示例

在这个程序中,第 1 条语句是字符串"Abc"与"a"比较,因字母 A 小于 a 的 Unicode 码,所以结果为 False。第 2 条语句是字符串"Abc"与"Abd"比较,因为字母 c 小于 d 的 Unicode 码,所以结果为 True。第 3 条语句是"123"与"11111"比较,因为数字字符 2 大于 1 的 Unicode 码,所以结果为 False。第 4 条语句是汉字"大"与"小"比较,可以理解为是它们的汉语拼音"da"与"xiao"之间比较,因为字母 d 小于 x 的 Unicode 码,所以结果为 False。

(3) 参与关系运算的对象。

参与关系运算的对象可以是常量、变量和表达式。

不同对象之间关系运算的程序示例如图 3-3 所示。

```
File  Edit  Shell  Debug  Options  Window  Help
>>> #比较运算的对象
>>>
>>> 1==1.0   #常量间比较
True
>>>
>>> x=10;y=-5
>>> x>=y        #变量之间比较
True
>>>
>>> x+10>y**2   #表达式之间比较
False
>>>
>>> "123"*2 == "123123"   #表达式与常量间比较
True
>>>
>>>
```

图 3-3   不同对象间关系运算的程序示例

在这个程序中,第 1 条语句是两个常量 1 与 1.0 之间比较。第 2 条语句是两个变量 x 与 y 之间比较。第 3 条语句是两个表达式 $x+10$ 与 $y**2$ 之间比较。第 4 条语句是一个表达式"123"＊2 和一个字符串常量"123123"之间比较。从运行结果可以看出,这些都是合法的。

(4) 比较运算的优先级。

在 6 种关系运算中,前 4 个的优先级相同,后 2 个的优先级相同。前 4 个高于后 2 个,但均低于数值运算和字符串运算。可以使用表达式 a<=x<=b 表示数学里的 x∈[a,b]。

不同优先级关系运算的程序示例如图 3-4 所示。

在这个程序中,第 1 条语句定义了变量 x 与 y,并分别为它们赋值 10 和 1.5。第 2 条语

```
File  Edit  Shell  Debug  Options  Window  Help
>>>     #关系运算的优先级
>>>  x=10;y=1.5
>>>  x+2>=y*10      #先求y*10得15,再求x+2得12,最后处理12>=15
False
>>>
>>>  y>1==False     #先求y>1得Tue,再处理True==False
False
>>>
>>>  "abc"[1:]!="bc"    #先处理"abc"[1:]得"bc",再处理"bc"!="bc"
False
>>>
>>>  10<=x<=15      #表示x∈[10,15]
True
>>>
>>>  2<y<3            #表示y∈(2,3)
False
>>>
```

图 3-4   不同优先级关系运算的程序示例

句是两个表达式之间比较,处理的顺序是先处理 $y*10$ 得 15,再处理 $x+2$ 得 12,最后处理 $12>15$,结果是 False。第 3 条语句是">"和"=="两种运算连用,处理的顺序是先处理 $y>1$ 得 True,再处理 True==False,结果是 False。第 4 条语句是字符串切片运算与 "!="连用,处理的顺序是先进行切片得子串"bc",然后处理"bc"!="bc",结果是 False。第 5 条语句是两个"<="连用,表示 $x \in [10,15]$ 的条件,结果为 True。第 6 条语句是两个 "<"连用,表示 $y \in (2,3)$ 的条件,结果为 False。

使用关系运算构造的几个典型表达式示例,如表 3-2 所示。

表 3-2   几个典型的关系表达式

关系表达式	结果为"真"时表示的条件
$x>0$	x 是正数
$x\%2==0$	x 是偶数
$x\%4==0$	x 能被 4 整除(x 是 4 的倍数)
$5<=x<=10$	$x \in [5,10]$
$5<x<10$	$x \in (5,10)$
$"a"<=x<="z"$	x 是小写字母
$"A"<=x<="Z"$	x 是大写字母
$"0"<=x<="9"$	x 是数字字符

3.1.2　逻辑运算

扫一扫

1. 概述

对于复杂的条件,只有关系运算是不够的,往往需要借助逻辑运算来构建。

逻辑运算是对逻辑值实施的运算。在 Python 中,任何类型的数据均可以作为逻辑值进行处理。

Python 规定:

• 任何非零数字或非空对象都为 True。

- 数字 0、空对象以及 None 都为 False。

None 是 Python 的一个关键字,用它表示空值。有关 None 的更多知识在 6.1.2 节介绍。

不同类型数据可以用作逻辑数据的程序示例参见图 3-5。

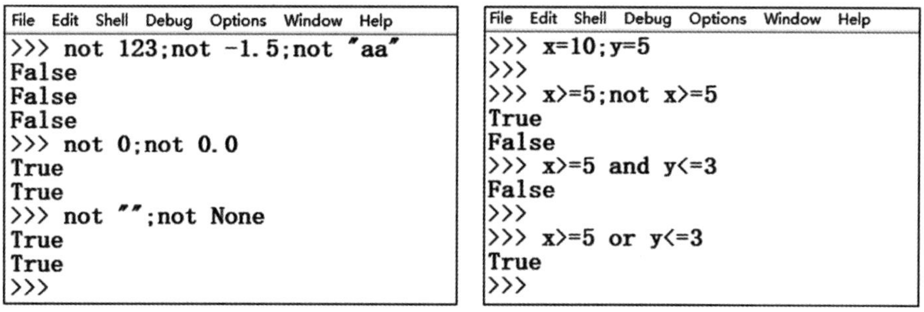

```
File  Edit  Shell  Debug  Options  Window  Help
>>> not 123;not -1.5;not "aa"
False
False
False
>>> not 0;not 0.0
True
True
>>> not "";not None
True
True
>>>
```

```
File  Edit  Shell  Debug  Options  Window  Help
>>> x=10;y=5
>>>
>>> x>=5;not x>=5
True
False
>>> x>=5 and y<=3
False
>>>
>>> x>=5 or y<=3
True
>>>
```

(a) 逻辑非运算   (b) 3种逻辑运算

图 3-5　逻辑运算的程序示例

2. 运算符和表达式

Python 里提供了 3 种逻辑运算,如表 3-3 所示。not、and、or 是三个关键字。

表 3-3　逻辑运算符和表达式

运 算 符	实 施 运 算	优 先 级	表 达 式
not	逻辑非	高	not exp
and	逻辑与	低	exp1 and exp2
or	逻辑或	最低	exp1 or exp2

逻辑非(not)的优先级最高,逻辑与(and)次之,逻辑或(or)最低。

逻辑非(not)用在一个表达式的前面。逻辑与(and)、逻辑或(or)都用在两个表达式之间。

- 逻辑非(not)

  若该表达式的值为 True,结果就为 False,反之就为 True。

- 逻辑与(and)

  只有当两个表达式的值都为 True 时,结果才为 True,否则就为 False。

- 逻辑或(or)

  只有当两个表达式的值都为 False 时,结果才为 False,否则就为 True。

在 IDLE 命令交互方式下实施逻辑运算的程序示例如图 3-5 所示。

图 3-5(a)所示的是实施逻辑非(or)运算的程序示例,通过运行结果证明了前面介绍的任何非零数字或非空对象都为 True;数字 0、空对象以及 None 都是 False 的结论。图 3-5(b)所示的是 3 种逻辑运算的程序示例。第 1 条语句定义了变量 x 与 y,分别赋值 10 和 5。第 2 条语句里 $x>=5$ 的值为 True,not $x>=5$ 的结果为 False。第 3 条语句里 $x>=5$ 的值为 True,$y<=3$ 的值为 False,所以 $x>=5$ and $y<=3$ 的结果为 False。第 4 条语句里 $x>=5$

为 True，$y<=3$ 为 False，所以 $x>=5$ or $y<=3$ 的结果为 True。

使用逻辑运算构建的 5 个较复杂条件表达式的示例如表 3-4 所示。

表 3-4　5 个较复杂条件表达式的示例

表示的条件	表　达　式
x 是否为自然数（正整数）	type$(x)==$int and $x>0$
x 是否为字母	"a"$<=x<=$"z" or "A"$<=x<=$"Z"
x 是否满足 $x\in[5,10]$	$x>=5$ and $x<=10$ 等价于 $5<=x<=10$
a、b、c 是否构成三角形	$a+b>c$ and $b+c>a$ and $a+c>b$
y 是否闰年	$(y\%4==0$ and $y\%100!=0)$ or $y\%400==0$

3.1.3　is 运算符

1. 身份识别码

Python 为程序中的每个对象自动生成一个整数类型的身份识别码，用以对对象加以区分和识别。

通过 id 函数可以获取对象的身份识别码。该函数的调用格式如下。

```
id(对象)
```

这里的对象可以是常量、变量、表达式等。

获取对象识别码的程序示例如图 3-6 所示。

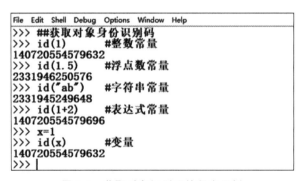

图 3-6　获取对象识别码的程序示例

在这个程序中，第 1 条语句获取了整数常量 1 的识别码。第 2 条语句获取了浮点数常量 1.5 的识别码。第 3 条语句获取了字符串常量"ab"的识别码。第 4 条语句获取了表达式 1+2 的识别码。第 5 条语句获取了变量 x 的识别码。这里请注意，变量 x 和常量 1 的识别码是一样的，因为 x 存的数据是 1。

2. is 运算符

is 是 Python 的一个关键字，用它可以判断两个对象的身份识别码是否一致。is 运算的使用方法如表 3-5 所示。

表 3-5　is 运算符和表达式

运 算 符	实 施 运 算	表 达 式
is	识别码一致	ob1 is ob2
is not	识别码不一致	ob1 is not ob2

其中,ob1 is ob2 等价于 id(ob1)==id(ob2),若 ob1 和 ob2 的识别码相同,则为 True,否则就为 False。ob1 is not ob2 等价于 id(ob1)! =id(ob2),若 ob1 和 ob2 的识别码不相同,则为 True,否则就为 False。

和 is 运算符不同的是,关系运算符"=="用来判断两个对象的值是否相等。

使用 is 和"=="运算符的程序示例如图 3-7 所示。

```
File  Edit  Shell  Debug  Options  Window  Help
>>> ##is与==运算的区别
>>>
>>> #==用于判断两个对象的值是否相等
>>> 1 == 1.0
True
>>> #is用于判断两个对象的识别码是否相同
>>> 1 is 1.0
False
>>> |
```

图 3-7　使用 is 和"=="运算符的程序示例

在这个程序中,第 1 条语句用来判断整数 1 和浮点数 1.0 的值是否相等,结果是 True。第 2 条语句用来判断整数 1 和浮点数 1.0 的识别码是否相同,结果是 False。

扫一扫

3.2　简单分支程序设计

3.2.1　双路分支语句 if-else

双路分支也叫作两路分支。双路分支是最常见的分支结构,它是根据某一条件的"真"或"假",从两种情况中选择一个来执行。在 Python 中,双路分支使用 if-else 语句实现。if 与 else 是两个关键字。

双路分支的简单流程图和语句结构如图 3-8 所示。

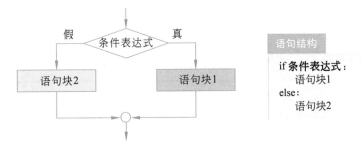

图 3-8　双路分支简单流程图与语句结构

该结构的执行过程是：先处理 if 后面的条件表达式,如果结果为"真"(True),则执行 if 后的语句块 1,结束整个结构;如果结果为"假"(False),则执行 else 后的语句块 2,结束整个结构。

应该注意的两个问题如下。

(1) if 语句末尾与 else 后面的冒号是语法结构的一部分,不可以省略。

(2) 语句块 1 和语句块 2 要比 if 和 else 向右缩进一个 Tab 键位置。

双路分支程序示例如图 3-9 所示。

```
File  Edit  Format  Run  Options  Window  Help
1  x=eval(input("输入x:    "))
2
3  #双路分支语句if-else
4  if x>10:
5      y=2*x
6  else:
7      y=x**2
8
9  print(x,y)
10
```

```
File  Edit  Shell  Debug  Options  Window  Help
输入x:    100
100 200
>>>
========================= RESTART:
输入x:    3
3 9
>>>
```

| (a) 程序代码 | (b) 运行效果 |

图 3-9　双路分支程序示例

在这个程序中,第 1 行是为变量 x 输入数据的语句。第 4～7 行是一个双路分支,实现根据 x 的值求 y 的值。从运行结果可以看出,第 1 次执行时输入的数据是 100,满足 $x>10$ 的条件,所以执行了 if 后的 $y=2*x$,输出结果是 100 和 200。第 2 次执行时输入的数据是 3,不满足 $x>10$ 的条件,所以执行了 else 后的 $y=x**2$,输出的结果是 3 和 9。

3.2.2　条件表达式

条件表达式是由 if 和 else 组成的表达式。

条件表达式有以下两种常用格式。

格式 1:表达式 1 　if　条件表达式　else　表达式 2

处理过程是:先处理 if 后的条件表达式,如果结果为"真"(True),则处理 if 前的表达式 1,并把它的值作为整个式子的值;如果结果为"假"(False),则处理 else 后的表达式 2,并把它的值作为整个式子的值。

使用第 1 种格式的条件表达式程序示例如图 3-10 所示。

```
File  Edit  Format  Run  Options  Window  Help
1  ##条件表达式应用
2
3  x=10;y=20
4
5  print("最大值是:",x if x>y else y)
6
```

```
最大值是: 20
>>>
```

| (a) 程序代码 | (b) 运行效果 |

图 3-10　使用第 1 种格式的条件表达式程序示例

在这个程序中,第 5 行把条件表达式直接作为 print 函数的一个参数。经过分析可知,该条件表达式的作用是求 x 与 y 的最大值,所以输出的结果是 20。

格式 2:语句 1 if 条件表达式 else 语句 2

处理过程是:先处理 if 后的条件表达式,如果结果为"真"(True),则执行 if 前的语句 1,然后结束;如果结果为"假"(False),则执行 else 后的语句 2,然后结束。

使用第 2 种格式的条件表达式程序示例如图 3-11 所示。

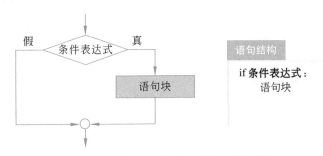

| (a) 程序代码 | (b) 运行效果 |

图 3-11 使用第 2 种格式的条件表达式程序示例

在这个程序中,第 4 行把两条 print 语句分别放在了 if 的前面和 else 的后面。从运行结果可以看出,该程序实现的功能与图 3-9 所示的程序完全相同。比较两个程序的代码不难看出,引入条件表达式的程序,简化了代码,提高了运行效率。

3.2.3 单路分支语句 if

单路分支是双路分支的特例,它只有 if,没有 else。

单路分支的简单流程图和语句结构如图 3-12 所示。

图 3-12 单路分支简单流程图与语句结构

该结构的执行过程是:先处理 if 后面的条件表达式,如果结果为"真"(True),则执行 if 后的语句块,结束该结构;如果结果为"假"(False),则跳过该结构。

单路分支程序示例如图 3-13 所示。

```
#单路分支语句if
x=10
y=20

if x>=10:     #单路分支
    y-=1

print(x, y)
```

```
10 19
>>> |
```

(a) 程序代码　　　　　　　(b) 运行效果

图 3-13 单路分支程序示例

在上面的程序中,第 5~6 行是单路分支结构,因为 $x \geqslant 10$ 的条件成立,所以执行 if 后的 $y-=1$,输出的结果是 10 和 19。

扫一扫

3.2.4　2个标准库模块

os 库和 math 库是 Python 两个重要的标准库模块,在实际编程中很常用。

1. os 库

os 是英文 operating system 的缩写。该模块提供了 Python 与操作系统之间的接口,通过它可以调用操作系统的一些功能。

本书只介绍 os 库的两个常用函数 system 和_exit,详细情况如表 3-6 所示。

表 3-6　os 库的两个常用函数及使用方法

函　　数	实 现 功 能
system("cls")	清除屏幕上显示的内容
system("pause")	暂停程序执行,按任意键后继续执行
_exit(n)	结束整个程序的执行

使用 os 库模块的程序示例如图 3-14 所示。在该程序中,第 3 行引入了 os 库模块。第 5~7 行输出了两行"我喜欢 Python"和一个空白行。第 9 行调用 system 函数暂停程序执行。第 11 行调用 system 函数清除了之前输出的内容。第 13 行输出了一行"我喜欢 Python"。第 15 行再次调用 system 函数暂停程序执行。第 17 行调用_exit 函数退出了程序运行。很显然,第 19 行代码是无法执行的。

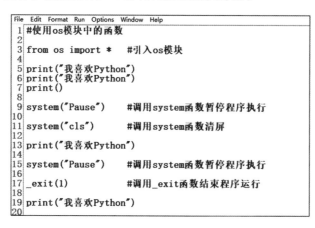

(a) 程序代码　　　　　　　　　　　　　　　　　(b) 运行效果

图 3-14　使用 os 库模块的程序示例

除了 1.4 节介绍的在 IDLE 环境中运行程序的方法外,还可以通过直接双击程序文件图标的方式来运行程序。使用双击文件图标方式运行程序时,程序的运行结果输出到了命令窗口中。通常情况下,程序运行结束时命令窗口会自动关闭,导致无法浏览程序的输出情况,这种现象叫作闪屏。

解决闪屏的常用办法有以下两种。

- 在程序末尾添加语句：system("pause")。
- 在程序末尾添加语句：input("按回车键继续…")。

有关闪屏及其处理方法,视频 3.2.2 中有详细的演示和介绍。

2. math 库

math 库提供了用于数学运算的常数及常用函数。

math 库中的常数如表 3-7 所示。

表 3-7　math 库中的常数

常　数	数学表示	描　述
math.pi	π	圆周率,值为 3.141592653589793
math.e	e	自然对数,值为 2.718281828459045
math.inf	∞	正无穷大,负无穷大为-math.inf
math.nan		非浮点数标记,nan(非数值)

math 库中的常用数值运算函数如表 3-8 所示。

表 3-8　math 库中的常用数值运算函数

常　数	数学表示	描　述
math.fabs(x)	$|x|$	返回 x 的绝对值
math.fmod(x,y)	$x\%y$	返回 x 与 y 的余数
math.fsum($x1,x2,\cdots$)	$x1+x2+\cdots$	返回浮点数的和
math.ceil(x)	$\lceil x \rceil$	返回不小于 x 的最小整数
math.floor(x)	$\lceil x \rceil$	返回不大于 x 的最大整数
math.factorial(x)	$x!$	返回 x 的阶乘
math.gcd(x,y)		返回 x 与 y 的最大公约数
math.frexp(x)	$x=m*2^e$	返回(m,e)
math.ldexp(x,y)	$x*2^y$	返回 $x*2^y$
math.modf(x)		返回 x 的小数和整数部分
math.trunc(x)		返回 x 的整数部分
math.copysign(x,y)	$|x|*|y|/y$	用 y 的正负号替换 x 的正负号
math.isclose(x,y)		判断 x 和 y 的相似性
math.isfinitde(x)		判断 x 是有限还是无限
math.isinf(x)		判断 x 是否为无穷大
math.isnan(x)		判断 x 是否为非数值(nan)

math 库中常用的三角运算函数如表 3-9 所示。

表 3-9　math 库中常用的三角运算函数

常　　数	数学表示	描　　述
math.dgree(x)		把用弧度表示的 x 转换为角度值
math.ridans(x)		把用角度表示的 x 转换为弧度值
math.hypoot(x,y)		返回(x,y)到坐标原点的距离
math.sin(x)	$\sin x$	返回弧度 x 的正弦值
math.cos(x)	$\cos x$	返回弧度 x 的余弦值
math.tan(x)	$\tan x$	返回弧度 x 的正切值
math.asin(x)	$\arcsin x$	返回弧度 x 反正弦函数值
math.acos(x)	$\arccos x$	返回弧度 x 反余弦函数值
math.atan(x)	$\arctan x$	返回弧度 x 反正切函数值
math.atan2($y,,x$)		返回 y/x 的反正切函数值
math.sinh(x)	$\sinh x$	返回 x 的双曲正弦函数值
math.cosh(x)	$\cosh x$	返回 x 的双曲余弦函数值
math.tanh(x)	$\tanh x$	返回 x 的双曲正切函数值
math.asinh(x)	$\text{arcsinh } x$	返回 x 的反双曲正弦函数值
math.acosh(x)	$\text{arccosh } x$	返回 x 的反双曲余弦函数值
math.astanh(x)	$\text{arctanh } x$	返回 x 的反双曲正切函数值

math 库中的常用幂及对数运算函数如表 3-10 所示。

表 3-10　math 库中的常用幂及对数运算函数

常　　数	数学表示	描　　述
math.pow(x,y)	x^y	返回 x^y
math.exp(x)	e^x	返回 e^x
math.expm1(x)	e^x-1	返回 e^x-1
math.sqrt(x)	$\sqrt{x}$	返回 $\sqrt{x}$
math.log(x[,base])	$\log_{base} x$	返回底数为 base 的 x 的对数值
math.log1p(x)	$\ln(1+x)$	返回 $1+x$ 的自然对数值
math.log2(x)	$\log x$	返回以 2 为底 x 的对数值
math.log10(x)	$\log_{10} x$	返回以 10 为底 x 的对数值

math 库中的 3 个特殊运算函数如表 3-11 所示。

表 3-11　math 库中的 3 个特殊运算函数

常　　数	数 学 表 示	描　　述
math.erf(x)	$\dfrac{2}{\sqrt{\pi}}\displaystyle\int_{0}^{x} e^{-t^2}\,dt$	高斯误差函数
math.erfc(x)	$\dfrac{2}{\sqrt{\pi}}\displaystyle\int_{0x}^{\infty} e^{-t^2}\,dt$	余补高斯误差函数
math.gamma(x)	$\displaystyle\int_{0x}^{\infty} x^{t-1} e^{-x}\,dt$	欧拉第二积分函数

3.2.5　3 个程序设计实例

扫一扫

1. 身份识别

【实例 3-1】　编程实现,提示用户输入姓名,选择性别,根据输入的姓名及选择的性别("男"或"女")输出不同的问候语。如果性别选择"男",则输出"欢迎**先生!",否则就输出"欢迎**女士!"。

经过分析确定了程序的数据结构,需要用到 4 个 string 类型的变量——msg、name、sex和 greeting,分别用来存储提示信息、姓名、性别和问候语。

该程序算法流程图如图 3-15 所示。

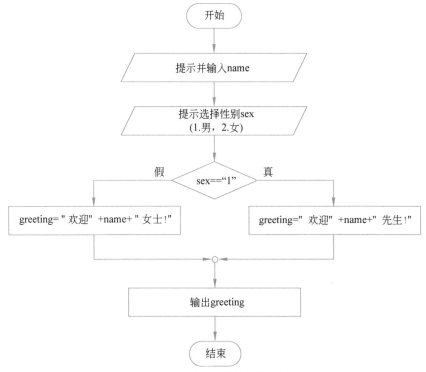

图 3-15　【实例 3-1】的算法流程图

程序的完整代码如图 3-16 所示。

图 3-16　【实例 3-1】的程序代码

在该程序中,第 2~8 行定义了变量 msg,并给它赋值一个多行的字符串。第 10 行把提示输入的姓名存在变量 name 中。第 11 行使用 msg 作参数,把提示输入的性别存在变量 sex 中。第 14~17 行是 if-else 双路分支结构,实现根据输入的性别生成不同的问候语。

本程序的运行情况,视频 3.2.3 中有详细演示。

2. 求算术平方根

【实例 3-2】　编程实现,提示用户输入一个整数,输出这个整数和它的算数平方根。

经过对问题的分析,确定了程序的数据结构,需要用到两个变量——x、sqrX,分别用来存储输入的整数和与其对应的算术平方根。

该程序算法流程图如图 3-17 所示。

程序的完整代码和运行效果,如图 3-18 所示。

在该程序中,第 3 行是引入 math 模块的语句。第 6 行是调用 eval 和 input 函数给 x 输入数据的语句。第 9~13 行是 if-else 双路分支结构,用来实现根据 x 的值做不同的处理。第 11 行和第 13 行用到了 2.5 节介绍的使用 format 方法控制输出数据的知识。

3. 求算术平方根的改版

【实例 3-3】　使用单路分支 if 语句编程实现与【实例 3-2】同样的功能。

该程序的数据结构与【实例 3-2】完全相同。

程序的算法流程图如图 3-19 所示。

程序的完整代码和运行效果如图 3-20 所示。

在该程序中,第 4 行是引入 os 模块的语句。第 7 行是调用 eval 和 input 函数给 x 输入数据的语句。第 10~12 行是单路 if 分支结构,用来实现若 x 的值为负数,则控制结束程序。第 12 行通过调用 os 模块的_exit 函数结束程序运行。很显然,如果 if 后面的条件 $x<0$ 成立,则执行 if 后的第 11 行和第 12 行,第 15 行和第 16 行执行不了,反之,若 $x<0$ 的条件不成立,if 后的第 11 行和第 12 行执行不了,就会执行第 15 行和第 16 行。

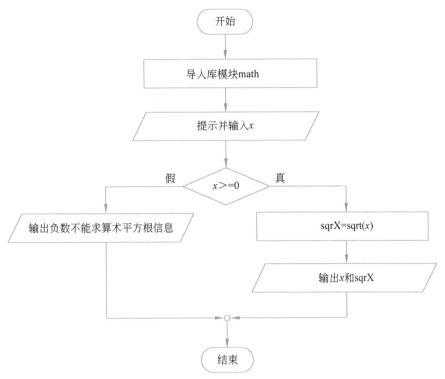

图 3-17 【实例 3-2】的算法流程图

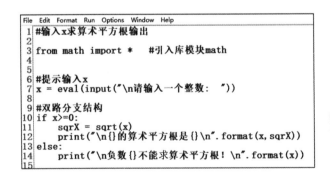

```
File  Edit  Format  Run  Options  Window  Help
1  #输入x求算术平方根输出
2
3  from math import *    #引入库模块math
4
5  #提示输入x
6  x = eval(input("\n请输入一个整数: "))
7
8
9  #双路分支结构
10 if x>=0:
11     sqrX = sqrt(x)
12     print("\n{}的算术平方根是{}\n".format(x,sqrX))
13 else:
14     print("\n负数{}不能求算术平方根! \n".format(x))
15
```

```
请输入一个整数:  2
2的算术平方根是1.4142135623730951
>>> |
```

```
请输入一个整数:  -1
负数-1不能求算术平方根!
>>> |
```

(a) 程序代码   (b) 两次运行效果

图 3-18 【实例 3-2】的程序代码及运行效果

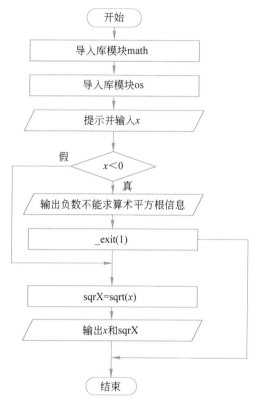

图 3-19 【实例 3-3】的算法流程图

```
File  Edit  Format  Run  Options  Window  Help
1 #输入x求算术平方根输出
2
3 from math import *      #引入库模块math
4 import os                #引入库模块os
5
6 #提示输入x
7 x = eval(input("\n请输入一个整数： "))
8
9 #单路分支结构
10 if x<0:
11     print("\n负数{}不能求算术平方根！\n".format(x))
12     os._exit(1)          #结束整个程序
13
14 #求平方根及输出结果的语句
15 sqrX = sqrt(x)
16 print("\n{}的算术平方根是{}\n".format(x, sqrX))
17
```

```
请输入一个整数： 2
2的算术平方根是1.4142135623730951
>>>
```

```
请输入一个整数： -1
负数-1不能求算术平方根！
>>>
```

(a) 程序代码   (b) 两次运行效果

图 3-20 【实例 3-3】的程序代码及运行效果

3.3　复杂分支程序设计

在实际编程时,很多问题的处理往往需要从多个选项中选择一个执行,这样的程序叫作复杂分支程序。通过分支语句的嵌套可以实现多路分支程序设计。

3.3.1　分支语句的嵌套

Python 允许 if-else 与 if-else 之间、if 与 if-else 之间以及 if 与 if 之间进行相互嵌套。这种分支语句中套着分支语句的结构叫作分支语句的嵌套。分支语句的嵌套构成了语句之间的包含和层次关系,处于最外面的是第 1 层,包含在第 1 层里的是第 2 层……依此类推。

if-else 语句的 3 层嵌套结构如图 3-21 所示。

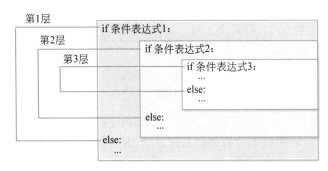

图 3-21　if-else 语句的 3 层嵌套结构

通过分支语句的嵌套可以实现多路分支程序设计。

使用 if-else 嵌套实现 4 路分支的流程图与语句结构,如图 3-22 所示。

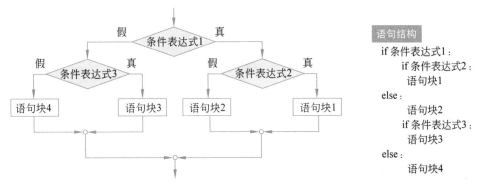

图 3-22　使用 if-else 嵌套实现 4 路分支的流程图与语句结构

上述结构的执行过程是:如果表达式 1 和表达式 2 同时成立,则执行语句块 1,结束整个结构;如果表达式 1 成立,表达式 2 不成立,则执行语句块 2,结束整个结构;如果表达式 1 不成立,表达式 3 成立,则执行语句块 3,结束整个结构;如果表达式 1 和表达式 3 都不成立,则执行语句块 4,结束整个结构。

使用 if-else 嵌套实现 3 路分支的程序示例,如图 3-23 所示。其中,图 3-23(b)是在

IDLE 环境下分别运行程序 3 次的效果截图。

(a) 程序代码　　　　　　　　　　　　　　(b) 3 次运行结果

图 3-23　使用 if-else 嵌套实现 3 路分支的程序示例

在该程序中,第 5～11 行是 if-else 的两层嵌套结构,实现根据 x 的值从 3 个 print 语句中选择一个执行。第 13 行用到了 3.2.4 节介绍的使用 input 语句防止在双击文件图标方式运行程序时出现的闪屏问题。

3.3.2　多路分支语句 if-elif-else

从使用 if-else 语句嵌套实现多路分支的程序结构不难看出,由于程序要写成缩进形式,当嵌套的层次较多时,后面的语句就会向右缩进较远的距离。如果语句太长,就可能超出屏幕显示范围,给浏览代码造成困难。为了解决这一问题,Python 提供了 if-elif-else 语句,使用它可以非常方便地实现多路分支程序设计。

if-elif-else 语句的简单流程图和语句格式如图 3-24 所示。

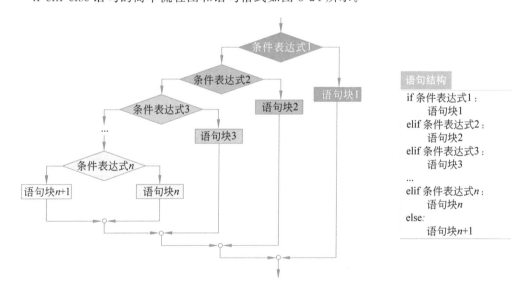

图 3-24　if-elif-else 语句的简单流程图和语句格式

该结构的执行过程是:首先处理 if 后面的条件表达式 1,如果结果为"真"(True),则执行 if 后的语句块 1,结束整个结构;如果结果为"假"(False),则处理 elif 后的条件表达式 2,

如果结果为"真"(True)则执行 elif 后的语句块 2,结束整个结构……这样一直进行下去。如果前面的 $n-1$ 个条件都不成立,则处理最后一个 elif 后的条件表达式 n,如果结果为"真"(True),则执行其后面的语句块 n,结束整个结构;如果前面的 n 个条件都不成立,则执行 else 后的语句块 $n+1$,结束整个结构。很显然,该结构是根据条件的"真"(True)或"假"(False),从 $n+1$ 中情况中选择了一个执行。

使用 if-elif-else 实现多路分支的程序示例如图 3-25 所示。

```
File Edit Format Run Options Window Help
1  #if-elif-else语句
2
3  x=eval(input("请输入一个数:  "))
4
5  if x>0:
6          print("输入的{}是正数".format(x))
7  elif x<0:
8          print("输入的{}是负数".format(x))
9  else:
10         print("输入的是零")
11
12 input("按回车键结束...")
13
```

```
请输入一个数:   10
输入的10是正数
按回车键结束...
```

```
请输入一个数:   -1
输入的-1是负数
按回车键结束...
```

```
请输入一个数:   0
输入的是零
按回车键结束...
```

(a) 程序代码　　　　　　　　　　　　　　(b) 三次运行效果

图 3-25　使用 if-elif-else 实现多路分支的程序示例

该程序与图 3-23 中的程序实现的功能完全一样。在该程序中,第 5～10 行是使用 if-elif-else 语句实现的 3 路分支结构,实现根据 x 的值从 3 个 print 语句中选择一个执行。由于 if、elif、else 都处在同一列上,不存在缩进问题,所以克服了 if-else 嵌套结构嵌套层次较多时向右缩进太多的不足。

3.3.3　程序异常处理

程序异常是指程序在运行过程中由于异常情况而引发的运行突然终止和报错的现象。图 3-26 所示的程序示例中,因为用户输入的数据不是整数而引发了程序运行出错的问题,这就是程序异常。

程序异常会破坏程序运行的稳定性,影响用户正常使用程序的体验,因此必须对程序中的异常进行处理。

```
请输入一个整数:   aa
Traceback (most recent call last):
  File "D:\py\3-7.py", line 7, in <module>
    x = eval(input("\n请输入一个整数: "))
  File "<string>", line 1, in <module>
NameError: name 'aa' is not defined
>>> |
```

图 3-26　发生异常的程序示例

在 Python 中,使用关键字 try 和 except 处理异常。其基本语法格式如下。

```
try:
    语句块 1
```

```
except:
    语句块 2
```

其中,语句块 1 是可能出现异常的程序代码,语句块 2 是异常发生后做出处理的代码。在程序执行时,若语句块 1 出现异常情况,就会跳转到语句块 2 去执行。

对【实例 3-2】进行异常处理的程序示例如图 3-27 所示。

```
File  Edit  Format  Run  Options  Window  Help
1  #输入x求算术平方根输出
2
3  from math import *      #引入库模块math
4
5  #异常处理
6  try:
7      #提示输入x
8      x = eval(input("\n请输入一个整数:  "))
9
10     #双路分支结构
11     if x>=0:
12         sqrX = sqrt(x)
13         print("\n{}的算术平方根是{}\n".format(x,sqrX))
14     else:
15         print("\n负数{}不能开算术平方根!\n".format(x))
16 except:
17     print("\n输入了非数值型数据,请检查!")
18
```

```
请输入一个整数:  aa

输入了非数值型数据,请检查!
>>>
```

图 3-27   程序异常处理的程序示例

比较两个程序的运行结果可以看出,与之前程序不同的是,当输入非法数据时,程序运行不再突然终止和报错,而是跳转到 except 执行其后面的语句,输出一条有意义的提示信息,然后正常结束程序。

3.3.4   3个程序设计实例

扫一扫

1. 字符识别

【实例 3-4】   使用分支语句的嵌套结构编程,实现把提示用户输入的一个文字或符号存到 ch 中,按下列要求输出:

① 若 ch 中是字母,则输出"输入的**是字母"。

② 若 ch 中是数字字符,则输出"输入的**是数字"。

③ 若 ch 中既不是字母也不是数字字符,则输出"输入的**是其他字符"。

经过对问题的分析,确定了它是一个三选一的分支结构,可以使用两层 if-else 嵌套实现。这个程序的数据结构很简单,只需要一个 string 型的变量 ch,用来存储用户输入的内容。

该程序算法流程图如图 3-28 所示。

程序的完整代码如图 3-29 所示。

在该程序中,第 7～13 行是 if-else 两层嵌套结构,实现三路分支。第 10～13 行是内层 if-else 结构。在程序执行时,若第 7 行中 if 后面的条件成立,则执行第 8 行,结束程序;若第 7 行 if 后面的条件不成立,则再判断第 10 行 if 后的条件,若条件成立,则执行第 11 行,结束程序;若条件不成立,就执行第 13 行,结束程序。

本程序的运行情况,视频 3.3.2 里有完整演示。

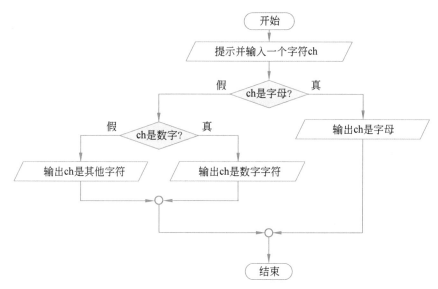

图 3-28 【实例 3-4】的算法流程图

```
File  Edit  Format  Run  Options  Window  Help
1 #字符类型识别
2
3 #提示输入ch
4 ch = input("\n请输入一个文字或字符:  ")
5
6 #if-else嵌套结构
7 if "a"<=ch<="z" or "A"<=ch<="Z":      #判断ch是否为字母
8     print("\n输入的{}是字母\n".format(ch))
9 else:
10    if "0"<=ch<="9":       #判断ch是否为数字字符
11        print("\n输入的{}是数字字符\n".format(ch))
12    else:
13        print("\n输入的{}是其他字符\n".format(ch))
14
```

图 3-29 【实例 3-4】的程序代码

2. 成绩等级转换

【实例 3-5】 使用分支语句的嵌套结构编程实现提示输入一个 0～100 的成绩 score,如果 score 不在给定的范围,就输出"输入成绩非法"的信息,并结束程序;如果输入的成绩合法,则按下列规则求对应的成绩等级 grade,并输出 score 和 grade。

① 若 score∈[90,100],则 grade="A"。

② 若 score∈[80,90),则 grade="B"。

③ 若 score∈[70,80),则 grade="C"。

④ 若 score∈[60,70),则 grade="D"。

⑤ 若 score<60,则 grade="F"。

经过对问题的分析,确定了它是一个五选一的分支结构,可以使用四层 if-else 嵌套实现。这个程序的数据结构也很简单,只需要两个变量——int 型的 score 用来存成绩、string 型的 grade 用来存成绩等级。

该程序的算法流程图如图 3-30 所示。

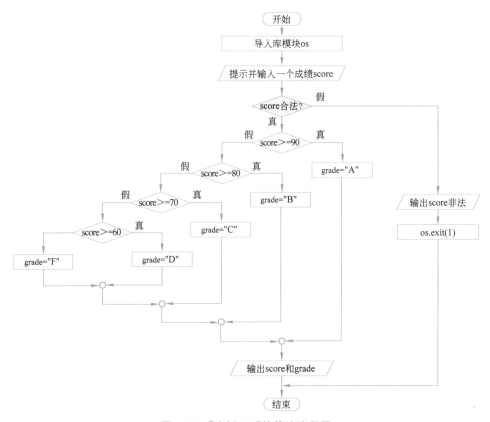

图 3-30 【实例 3-5】的算法流程图

程序的完整代码如图 3-31 所示。

```
File  Edit  Format  Run  Options  Window  Help
1  #求输入成绩的等级输出
2  import os        #引入os模块
3
4  score = int(input("\n请输入一个0-100的成绩: "))
5
6  #if单路分支结构
7  if score<0 or score>100:
8      print("\n{}是非法成绩，请检查！\a\a\n".format(score))
9      os.system("pause")
10     os._exit(1)     #结束程序运行
11
12 #if-else四层嵌套实现五选一分支
13 if score>=90:
14     grade = "A"
15 else:
16     if score>=80:
17         grade = "B"
18     else:
19         if score>=70:
20             grade = "C"
21         else:
22             if score>=60:
23                 grade = "D"
24             else:
25                 grade = "F"
26
27 #输出成绩和成绩等级
28 print("\n成绩是{},对应的成绩等级是{}\n".format(score,grade))
29
30 os.system("pause")
31
```

图 3-31 【实例 3-5】的程序代码

在该程序中,第 7～10 行是单路分支 if 语句,用来处理当输入的成绩非法时就提示相关信息后退出程序。第 8 行使用了 2.4.1 节介绍的转义字符"\a"用来输出"响铃",以便提醒用户注意。第 13～25 行是 if-else 语句的嵌套结构,实现五路分支,用来求成绩等级 grade。第 28 行是跳出嵌套结构后执行的语句,用来输出成绩和成绩等级。

本程序的运行情况,视频 3.3.2 中有完整演示。

3. 成绩等级转换的改版

【实例 3-6】 使用 if-elif-else 语句改写【实例 3-5】。

这个程序的数据结构和【实例 3-5】完全一样。

程序的算法流程图如图 3-32 所示。

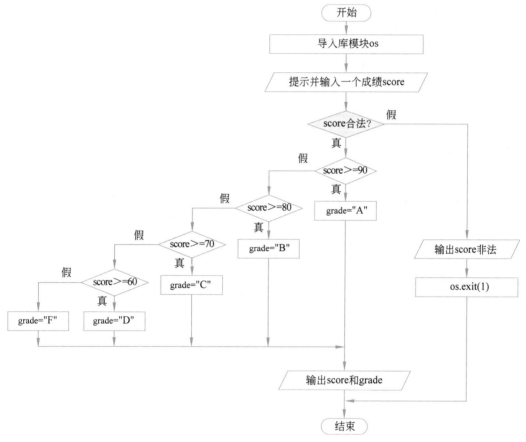

图 3-32 【实例 3-6】的算法流程图

程序的完整代码如图 3-33 所示。

在该程序中,第 13～22 行是使用 if-elif-else 语句实现的五路分支,用来求成绩等级 grade。其他代码与【实例 3-5】的完全一样。

本程序的运行情况在视频 3.3.2 里有详细演示。

```
File Edit Format Run Options Window Help
1  #求输入成绩的等级输出
2  import os        #引入os模块
3
4  score = int(input("\n请输入一个0-100的成绩: "))
5
6  #if单路分支结构
7  if score<0 or score>100:
8      print("\n{}是非法成绩，请检查！\a\a\n".format(score))
9      os.system("pause")
10     os._exit(1)     #结束程序运行
11
12 #if-elif-else实现五选一分支
13 if score>=90:
14     grade = "A"
15 elif score>=80:
16     grade = "B"
17 elif score>=70:
18     grade = "C"
19 elif score>=60:
20     grade = "D"
21 else:
22     grade = "F"
23
24 #输出成绩和成绩等级
25 print("\n成绩是{},对应的成绩等级是{}\n".format(score,grade))
26
27 os.system("pause")
28
```

图 3-33 【实例 3-6】的程序代码

学会理性选择

与分支程序要在若干可能的情况中选择一种的情形类似，在日常学习和生活中，每个人同样面临着这样或那样的多种选择，如择业、择友、择偶等等。无论面对什么选择，都应该把握正确的选择标准，保持良好的道德品质，尤其是在面对个人利益与国家利益相冲突的问题时，要勇于战胜自我，以国家利益为重，毅然做出正确的抉择。

3.4 习题与上机编程

一、单项选择题

1. 下列选项中，_____不是 Python 关系运算符。
   A）==   B）>=   C）<=   D）* =

2. 下列选项中，_____不是 Python 的合法关系表达式。
   A）1.1>=1.1   B）2j<3j   C）1+2>=3   D）"ab"< "cd"

3. 下列选项中，_____不是 Python 的逻辑运算符。
   A）！   B）not   C）and   D）or

4. 下列选项中，优先级最低的运算符是_____。
   A）+   B）*   C）>=   D）==

5. 下列选项中,结果为 False 的是_____。
    A)"ab" in "abc"   B)"abc" in "ab"＋"cd"
    C)"123"＜"3"   D)"黎明"＜"黑暗"

6. 下列选项中,不能表示 x∈[1,5)的是_____。
    A)x＞＝1 and x＜5   B)x＞＝1 or x＜＝5
    C)not(x＜1 or x＞＝5)   D)1＜＝x＜5

7. 若有

```
x=3;y=10
```

则关于 x if 1＜x＜5 else x**2 的说法正确的是_____。
    A)1＜x＜5 的表示错误   B)else 后面应该有冒号
    C)1＜x＜5 后面应该有冒号   D)表达式的值是 3

8. 以下关于使用 try-except 处理异常的说法,正确的是_____。
    A)try 后面的语句块和 except 后面的语句块一定会被执行
    B)try 后面的语句块和 except 后面的语句块不一定会被执行
    C)try 后面的语句块一定会被执行,except 后面的语句块不一定会被执行
    D)try 后面的语句块不一定会被执行,except 后面的语句块一定会被执行

9. 若有

```
x=1;y=2;z=3
if x<=y<=z:
    z=x; x=y; y=z
print(x,y,z)
```

则上述代码执行的结果是_____。
    A)1 2 3   B)3 2 1   C)2 1 1   D)2 3 1

10. 若有

```
x=1;y=2;z=1
if not x<y:
if x<z:
    y+=1
    x+=1
    z=x+1
else:
    x+=1
    y+=1
    z=y+1
print(x,y,z)
```

则上述代码执行的结果是_____。
    A)1 2 1   B)2 3 2   C)2 3 4   D)2 3 3

二、判断题

1. 在 Python 中,关系运算的结果是逻辑值。 （　　）
　　A）√　　　　　　　B）×

2. 在 Python 中,两个复数之间不可以进行">"比较运算。 （　　）
　　A）√　　　　　　　B）×

3. 在 Python 中,表达式 e1 or e2 只有 e1 和 e2 同时为"真",结果才为"真"。 （　　）
　　A）√　　　　　　　B）×

4. 在 Python 的条件表达式中,else 后面必须要有冒号。 （　　）
　　A）√　　　　　　　B）×

5. 异常处理 try-except 结构中 except 后面跟的语句块一定会被执行。 （　　）
　　A）√　　　　　　　B）×

三、使用 IDLE 命令交互方式编程

1. 把下面的语句补充完整,并写出运行结果。

```
>>>x=-1;y=10
>>> print("两个数的最大值是:",_____)
```

2. 把下面的语句补充完整,并写出运行结果。

```
>>>y=1988
>>> print(y,"闰年")   if _____ else print(y,"不闰年")
```

四、使用 IDLE 文件执行方式编程

1. 线性方程求解

（1）题目内容：用克莱姆法则求解线性方程的公式如下。

$$\begin{cases} ax+by=e \\ cx+dy=f \end{cases} \quad x=\frac{ed-bf}{ad-bc}, \quad y=\frac{af-ec}{ad-bc}$$

编程实现,提示输入 a、b、c、d、e 和 f,然后输出 x 和 y 的值(小数点后保留 2 位精度)。如果 $ad-bc$ 的值为 0,则输出"此方程无解"。

【提示】输入数据的语句格式为：a,b,c,d,e,f = eval(input())

（2）输入格式：a、b、c、d、e 和 f 的值(用逗号分隔)。

（3）输出格式：x 和 y 的值(空格分隔,小数点后保留 1 位)。

（4）输入样例如下。

```
1.0,2.0,2.0,4.0,4.0,5.0
```

（5）输出样例如下。

此方程无解

2. 转换成绩等级

（1）题目内容：编程实现,提示用户输入 3 个 0～100 的成绩,按下列规则输出成绩

等级。

　　① 若 3 个成绩的平均分大于或等于 90,则等级为'A'。

　　② 若 3 个成绩的平均分大于或等于 70 且小于 90,就继续判断第 3 个成绩,若它大于 90 分,则等级为'A',否则为'B'。

　　③ 若 3 个成绩的平均分大于或等于 50 且小于 70,就继续判断第 2 个和第 3 个成绩的平均分,若它大于 70,则等级为'C',否则为'D'。

　　④ 若 3 个成绩的平均分小于 50,则等级为'F'。

　　输出成绩和成绩等级。

　　(2) 输入格式：一行输入 1 个成绩

　　(3) 输出格式：一行输出 3 个成绩,另一行输出成绩等级。

　　(4) 输入样例如下。

```
78
87
92
```

　　(5) 输出样例如下。

```
78 87 92
成绩等级为：A
```

第4章 循环程序设计

本章学习目标

- 理解遍历循环、无限循环、循环正常退出、循环人为退出的概念
- 熟练掌握 for 语句、while 语句的使用方法
- 熟练掌握 break、continue 语句的使用方法
- 掌握 random 库的常用函数及使用方法
- 熟练掌握使用循环嵌套设计较复杂程序的方法

本章研究循环结构的程序设计。主要介绍遍历循环 for 语句、无限循环 while 语句、break 和 continue 语句、random 库和循环的嵌套。

扫一扫

 遍历循环 for 语句

4.1.1 不带 else 的 for 语句

遍历循环结构通过 for 语句实现。for 语句可以带 else 子句，也可以不带。

不带 else 的 for 语句流程图和语句结构如图 4-1 所示。

执行的过程是：循环变量自左向右逐个从遍历结构中提取元素，每提取到一个元素，就执行后面的语句块一次，这样反复进行下去，当遍历结构中的元素被提取完毕时就退出循环。

下面说明四个问题。

（1）关于冒号。

for 末尾的冒号是其语法结构的一部分，不可以省略。

（2）关于循环次数。

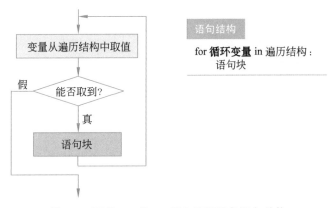

图 4-1 不带 else 的 for 语句流程图与语句结构

循环结构中被重复执行的语句块叫作循环体。遍历循环中循环体的执行次数是由遍历结构中元素的个数确定的。

（3）关于遍历结构。

遍历循环中遍历结构可以是任意组合类型的对象。2.1 节介绍过，Python 中的组合数据类型包括字符串、集合、元组、列表和字典，这些类型的对象都可以用作 for 语句中的遍历结构。

使用字符串作遍历结构的程序示例如图 4-2 所示。

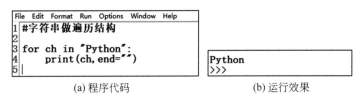

(a) 程序代码   (b) 运行效果

图 4-2 字符串对象作遍历结构的程序示例

在这个程序中，第 3～4 行是遍历循环结构。其中，ch 是循环变量，遍历结构是字符串常量"Python"，循环体是一条 print 语句，用于输出 ch 的内容。

该程序执行的过程是：ch 自左向右依次从字符串"Python"中提取字符，每提取一个就执行循环体一次。结果是 print 语句被重复执行了 6 次，最终输出了整个字符串的内容。

（4）使用 range 函数作遍历结构。

在实际编程时，经常使用内置函数 range 生成整数序列，作遍历结构。

range 函数的常用格式有以下 3 种。

格式 1：range(m)

该格式中要求 m 为正整数，其作用是产生含 $0 \sim m-1$ 的 m 个整数的序列。

如：range(5)生成了 $0 \sim 4$ 的 5 个整数的序列。

格式 2：range(m, n)

该格式中要求 m、n 为整数，且 $m < n$，其作用是产生 $m \sim n-1$ 的 $n-m$ 个整数的序列。

如：range(1,5)生成了含 1、2、3、4 的 4 个整数的序列。

range(−1,2)生成了含−1、0、1 的 3 个整数的序列

格式 3：range (m, n, d)

该格式包含以下两种情况。

① 若 $m<n,d>0$，作用是产生 $m\sim n-1$ 的步长为 d 的 $(n-m)//d+1$ 个整数的序列。

如：range(1,5,2)生成了含 1 和 3 的 2 个整数的序列。

② 若 $m>n,d<0$，作用是产生 $m\sim n-1$ 的步长为 d 的 $(m-n)//|d|+1$ 个整数的序列。

如：range(5,1,−1)生成了含 5、4、3、2 的 4 个整数的序列。

使用 range 函数控制循环的程序示例如图 4-3 所示。

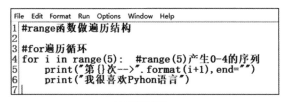
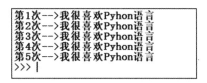

(a) 程序代码   (b) 运行效果

图 4-3　使用 range 函数做遍历结构的程序示例

在这个程序中，第 4~6 行是遍历循环。第 5 行和第 6 行是循环体，它包含了两条 print 语句。第 4 行使用了 range(5)作遍历结构，所以变量 i 的取值为 0、1、2、3、4，控制循环执行了 5 次。

4.1.2　带 else 的 for 语句

带 else 的 for 语句的流程图和语句结构如图 4-4 所示。

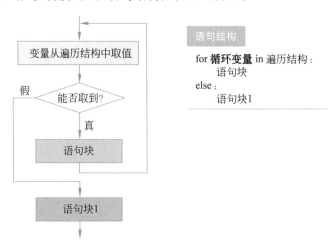

图 4-4　带 else 的 for 语句的流程图与语句结构

该结构的执行过程是：循环变量自左向右逐个从遍历结构中提取元素，每提取到一个

元素,就执行 for 后面的语句块一次,这样反复进行下去。当遍历结构中的元素被提取完毕时,就执行 else 后的语句块 1,退出循环。

带 else 的 for 遍历循环程序示例如图 4-5 所示。

```
File  Edit  Format  Run  Options  Window  Help
1 #range函数做遍历结构
2
3 #带else的for遍历循环
4 for i in range(5):    #range(5)产生0-4的序列
5     print("第{}次-->".format(i+1),end="")
6     print("我很喜欢Pyhon语言")
7 else:
8     print("\n遍历循环执行结束")
9
```

```
第1次-->我很喜欢Pyhon语言
第2次-->我很喜欢Pyhon语言
第3次-->我很喜欢Pyhon语言
第4次-->我很喜欢Pyhon语言
第5次-->我很喜欢Pyhon语言

遍历循环执行结束
>>> |
```

(a) 程序代码   (b) 运行效果

图 4-5 带 else 的 for 遍历循环程序示例

这个程序是由图 4-4 中的程序修改而来,程序末尾多了两行代码,它是一个 else 子句。对比两个程序运行的结果可以看出,对于带 else 子句的 for 循环,退出循环时执行了 else 后面的语句。

4.1.3 2 个程序设计实例

1. 统计文字信息

【实例 4-1】 编程实现,统计输入的字符串中字母、数字、汉字、空格和其他字符的个数,并输出。

(判断 ch 是否为汉字的表达式为: '\u4e00' <= ch <= '\u9fff')

扫一扫

经过对问题的分析可知,如果录入的字符串保存在 info 中,只要对 info 的内容自左向右遍历,把每次遍历时取得的内容按要求进行分类统计,问题就可以解决。很显然,遍历字符串可以借助遍历循环 for 语句实现,分类统计可以借助多路分支语句 if-elif-else 实现。

基于以上思考,确定了程序的数据结构,需要用到 6 个变量,如表 4-1 所示。

表 4-1 【实例 4-1】程序数据结构信息

变 量 名	数 据 类 型	作 用
info	string	存输入的内容
ch	string	循环变量
lettern	int	存字母的个数
digitn	int	存数字字符的个数
chn	int	存汉字的个数
spn	int	存空格的个数
othern	int	存其他字符的个数

程序的算法流程图如图 4-6 所示。

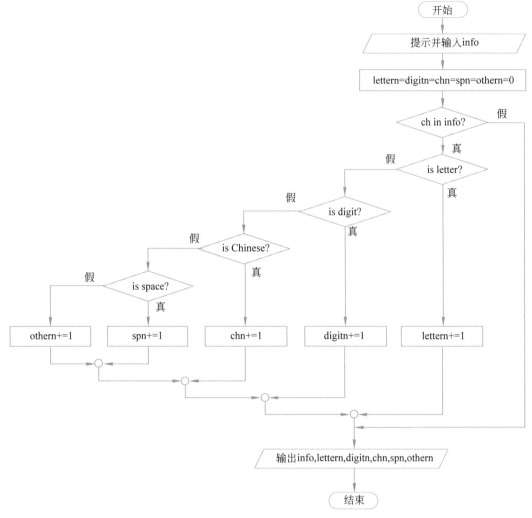

图 4-6 【实例 4-1】的算法流程图

程序的完整代码和运行效果如图 4-7 所示。

在该程序中,第 9~20 行是 for 循环结构,它的遍历结构是字符串变量 info。第 11~20 行是循环体,它使用 if-elif-else 语句实现五路分支结构,并实现对字符串的统计功能。第 23~29 行是退出循环后执行的部分,用来输出输入的字符串和统计的结果。

2. 输出求和公式

【实例 4-2】 编程实现,输出 1~100 所有整数的求和公式。

经过对问题的分析,解决这个问题的核心是用一个遍历循环控制求和,并输出求和公式。实现的方法是:首先令 $s=0$,然后使 i 遍历 1~100 的整数序列,对于 i 取得的每一个数,均执行 $s+=i$ 操作,同时输出 i 的值(若 $i==100$,则在其后面输出"=",否则就输出"+"),循环结束时输出 s 的值即可。

基于上面的分析,确定了程序的数据结构,需要用到两个 int 型变量 i 和 s,分别用来控制循环和累加求和。

```
File Edit Format Run Options Window Help
1  #统计输入字符串中字母、数字、汉字、空格及其他字符的个数输出
2
3  #输入内容
4  info=input("\n请输入:\n")
5
6  lettern=digitn=chn=spn=othern=0      #定义变量初始化
7
8  #for语句遍历字符串
9  for ch in info:
10     #使用if-elif-else结构实现5路分支进行统计
11     if "a"<=ch<="z" or "A"<=ch<="Z":
12         lettern+=1
13     elif "0"<=ch<="9":
14         digitn+=1
15     elif "\u4400"<=ch<="\uffff":
16         chn+=1
17     elif ch==" ":
18         spn+=1
19     else:
20         othern+=1
21
22 #输出结果
23 print("\n输入内容是:{}".format(info))
24 print("------------------------------------------------")
25 print("字母个数是:", lettern)
26 print("数字个数是:", digitn)
27 print("汉字个数是:", chn)
28 print("空格个数是:", spn)
29 print("其他字符个数是:", othern)
30
```

(a) 程序代码

```
请输入:
123     abcEF,?:\你好

输入内容是:123     abcEF,?:\你好
------------------------------------------------
字母个数是: 5
数字个数是: 3
汉字个数是: 2
空格个数是: 3
其他字符个数是: 4
>>> |
```

(b) 运行效果

图 4-7 【实例 4-1】的程序代码与运行效果

程序的算法流程图如图 4-8 所示。

程序的完整代码和运行效果如图 4-9 所示。

在该程序中,第 5～12 行是 for 循环结构,它的遍历结构是 range(1,101)。第 7～12 行是循环体,第 12 行用来累加求和,第 7～10 行是使用 if-else 语句实现的双路分支结构,用来输出求和公式。第 8 行和第 10 行用到了 2.5.1 节中介绍的设置输出结束符的知识。第 15 行是退出循环时执行的部分,用来输出 s。

图 4-10 所示的程序是对图 4-9 中程序的改版,这里用到了 3.2.2 节中介绍的条件表达式的知识。把原来第 7～10 行使用 if-else 语句实现的部分改成了一个条件表达式。对比两个程序的代码不难看出,后面的程序较前面的程序代码大大简化,这就是条件表达式的价值所在。

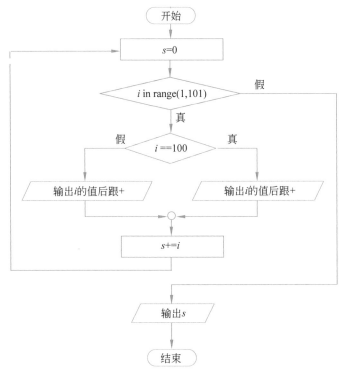

图 4-8　【实例 4-2】的算法流程图

```
File  Edit  Format  Run  Options  Window  Help
1   #输出1-100的求和公式
2   s = 0
3
4   #for遍历循环
5   for i in range(1, 101):
6       #输出求和公式
7       if i==100:
8           print(i, end="=")
9       else:
10          print(i, end="+")
11
12      s+=i   #累计求和
13
14  #输出s
15  print(s)
16
```

```
1+2+3+4+5+6+7+8+9+10+11+12+13+14+15+
16+17+18+19+20+21+22+23+24+25+26+27+
28+29+30+31+32+33+34+35+36+37+38+39+
40+41+42+43+44+45+46+47+48+49+50+51+
52+53+54+55+56+57+58+59+60+61+62+63+
64+65+66+67+68+69+70+71+72+73+74+75+
76+77+78+79+80+81+82+83+84+85+86+87+
88+89+90+91+92+93+94+95+96+97+98+99+
100=5050
>>>
```

(a) 程序代码　　　　　　　　　　　　　(b) 运行效果

图 4-9　【实例 4-2】的程序代码与运行效果

```
File  Edit  Format  Run  Options  Window  Help
1   #输出1-100的求和公式
2   s = 0
3
4   #for遍历循环
5   for i in range(1, 101):
6       #输出求和公式
7       print(i, end="=") if i==100 else print(i, end="+")
8       s+=i   #累计求和
9
10  #输出s
11  print(s)
12
```

```
1+2+3+4+5+6+7+8+9+10+11+12+13+14+15+
16+17+18+19+20+21+22+23+24+25+26+27+
28+29+30+31+32+33+34+35+36+37+38+39+
40+41+42+43+44+45+46+47+48+49+50+51+
52+53+54+55+56+57+58+59+60+61+62+63+
64+65+66+67+68+69+70+71+72+73+74+75+
76+77+78+79+80+81+82+83+84+85+86+87+
88+89+90+91+92+93+94+95+96+97+98+99+
100=5050
>>>
```

(a) 程序代码　　　　　　　　　　　　　(b) 运行效果

图 4-10　使用条件表达式改写后的程序代码与运行效果

4.2　无限循环 while 语句

4.2.1　不带 else 的 while 语句

无限循环通过 while 语句实现。和遍历循环 for 语句一样，while 语句可以带 else 子句，也可以不带。

不带 else 的 while 语句的流程图和语句结构如图 4-11 所示。

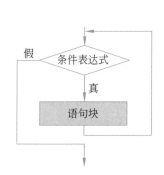

图 4-11　不带 else 的 while 语句的流程图与语句结构

该结构的执行过程是：先处理 while 后的条件表达式，如果结果为"真"（True），则执行其后面的语句块一次，然后返回，再次处理 while 后的条件表达式，如果结果为"真"（True），则再次执行其后面的语句块一次……这样反复进行，当 while 后条件表达式的结果为"假"（False）时，就退出循环。很显然，如果条件表达式永远为"真"（True），就构成了无限循环，也叫作死循环。

和 for 语句的结构一样，while 末尾的冒号是其语法结构的一部分，不可以省略。使用while 语句实现的输出 5 行"我很喜欢 Python 语言"的程序示例如图 4-12 所示。

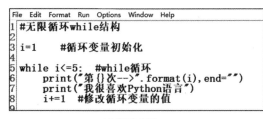

(a) 程序代码　　　　　　　　　(b) 运行效果

图 4-12　无限循环 while 语句的程序示例

这个程序和图 4-3 里的程序实现的功能完全一样。其中，第 3 行定义了循环变量 i，并赋值初始值 1。第 5～8 行是 while 循环结构。第 6～8 行是循环体，它除了两条 print 语句外，还有一条 $i+=1$ 的语句，控制每次循环都要使 i 的值增加 1。

本程序中 while 循环的执行情况,视频 4.2.1 中采用动画进行了详细演示和讲解。

4.2.2 带 else 的 while 语句

带 else 的 while 语句流程图和语句结构如图 4-13 所示。

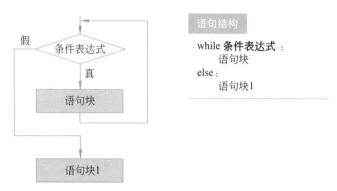

图 4-13 带 else 的 while 语句流程图与语句结构

该结构的执行过程是:先处理 while 后的条件表达式,如果结果为"真"(True),则执行其后面的语句块一次,然后返回,再次处理 while 后的条件表达式,如果结果为"真"(True),则再次执行其后面的语句块一次……这样反复进行,当条件表达式结果为"假"(False)时,就执行 else 后的语句块 1,退出循环。

带 else 的 while 循环程序示例,如图 4-14 所示。

```
File  Edit  Format  Run  Options  Window  Help
1  #无限循环while结构
2
3  i=1      #循环变量初始化
4
5  while i<=5:  #while循环
6      print("第{}次-->".format(i),end="")
7      print("我很喜欢Python语言")
8      i+=1  #修改循环变量的值
9  else:
10      print("\nwhile循环执行结束")
11
```

```
第1次-->我很喜欢Python语言
第2次-->我很喜欢Python语言
第3次-->我很喜欢Python语言
第4次-->我很喜欢Python语言
第5次-->我很喜欢Python语言

while循环执行结束
>>>
```

(a) 程序代码   (b) 运行效果

图 4-14 无限循环 while 语句程序示例

和图 4-12 里的程序相比,这个程序最后带有 else 子句,else 后面是一条 print 语句,用来输出"while 循环执行结束"的信息。从程序运行效果可以看出,退出循环时确实执行了 else 后的语句。

4.2.3 pass 语句

pass 是 Python 的一个关键字。pass 语句是 Python 里的空语句。尽管空语句不执行任何操作,不过有些时候需要用到它。

使用 pass 语句的程序示例如图 4-15 所示。该程序实现的功能是删除字符串 $s1$ 中的空格,把结果存到 $s2$ 中,并输出。

在该程序中,第 7～11 行是一个 for 遍历循环,第 8～11 行是循环体,是一个 if-else 双

```
File  Edit  Format  Run  Options  Window  Help
 1 #pass语句
 2
 3 s1=″  abc cd ″
 4 s2=″″
 5
 6 #for循环实现删除s1中的空格
 7 for ch in s1:
 8     if ch==″ ″:
 9         pass    #空语句
10     else:
11         s2+=ch
12
13 print(s2)
14
```

```
abccd
>>> |
```

(a) 程序代码   (b) 运行效果

图 4-15   使用 pass 语句的程序示例

路分支。执行的操作是：如果提取到的是"空格"字符，则执行 if 后的 pass 语句，也就是什么也不做；如果提取的不是"空格"字符，就把它连接到 s2 中。

有关 pass 语句的其他用法在 6.1.2 节中介绍。

4.2.4 2 个程序设计实例

1. 统计文字信息的改版

【实例 4-3】 使用 while 语句改写【实例 4-1】。

扫一扫

经过对问题的分析，确定了程序的数据结构，如表 4-2 所示。

对比【实例 4-1】的数据结构可以看出，使用 for 和 while 语句来实现程序需要变量的个数是一样的，不同的是 for 语句是使用一个 string 型变量 ch 逐个提取字符串中的字符来控制循环，而 while 语句则是使用一个 int 型变量 i 作序号来检索字符串，并控制循环。

表 4-2   【实例 4-3】程序数据结构信息

变 量 名	数 据 类 型	作　用
info	string	存输入的内容
i	int	循环变量
lettern	int	存字母的个数
digitn	int	存数字字符的个数
chn	int	存汉字的个数
spn	int	存空格的个数
othern	int	存其他字符的个数

程序的算法流程图如图 4-16 所示。

程序的完整代码和运行效果如图 4-17 所示。

在该程序中，第 9～22 行是 while 循环结构。第 11～22 行是循环体。第 25～31 行是退出循环后执行的部分，用来输出输入的字符串和统计的结果。

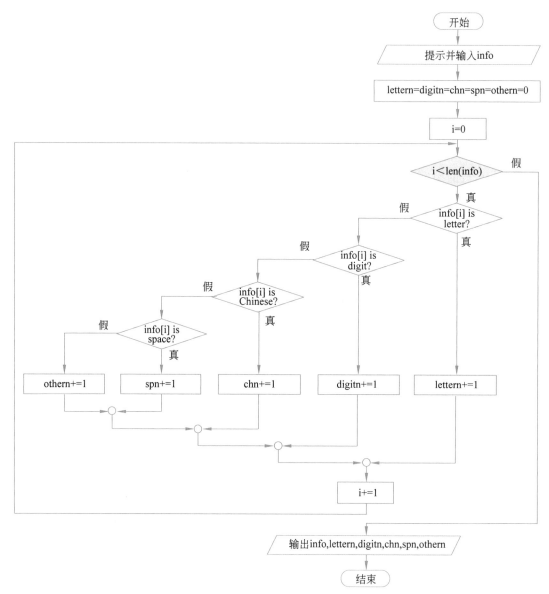

图 4-16 【实例 4-3】的算法流程图

2. 输出求和公式的改版

【实例 4-4】 使用 while 语句改写【实例 4-2】。

经过分析,该程序和【实例 4-2】的数据结构完全一样,需要两个 int 型变量 i 和 s,i 用来控制循环,s 用来累计求和。

程序的算法流程图如图 4-18 所示。

```
File Edit Format Run Options Window Help
1 #统计输入字符串中字母、数字、汉字、空格及其他字符的个数输出
2
3 #输入内容
4 info=input("\n请输入:\n")
5
6 i=lettern=digitn=chn=spn=othern=0        #定义变量初始化
7
8 #while语句遍历字符串
9 while i<len(info):
10         #使用if-elif-else结构实现5路分支进行统计
11         if "a"<=info[i]<="z" or "A"<=info[i]<="Z":
12             lettern+=1
13         elif "0"<=info[i]<="9":
14             digitn+=1
15         elif "\u4400"<=info[i]<="\uffff":
16             chn+=1
17         elif info[i]==" ":
18             spn+=1
19         else:
20             othern+=1
21         #i增加1运算
22         i=i+1
23
24 #输出结果
25 print("\n输入内容是:{}".format(info))
26 print("------------------------------------------")
27 print("字母个数是:", lettern)
28 print("数字个数是:", digitn)
29 print("汉字个数是:", chn)
30 print("空格个数是:", spn)
31 print("其他字符个数是:", othern)
32
```

(a) 程序代码

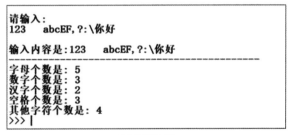

(b) 运行效果

图 4-17 【实例 4-3】的程序代码与运行效果

程序的完整代码和运行效果如图 4-19 所示。

在该程序中,第 5～13 行是 while 循环结构。第 7～13 行是循环体。第 16 行是退出循环后执行的部分,用来输出 s。请注意,第 2 行中用到了 2.4 节介绍的知识,一次定义了两个变量,并分别给它们赋了不同的值。

for 语句与 while 语句的比较如下。

(1) for 语句与 while 语句都可以实现循环,对于绝大多数的程序来说,两种语句可以互换。

(2) for 语句常常用在循环次数已知的程序中,尤其是针对组合数据类型进行遍历的情况,使用 for 语句不仅方便,而且代码更简洁、更高效。

(3) while 语句常常用在循环次数未知的程序中,尤其是针对那些需要执行死循环的情况,只能使用 while 语句实现。

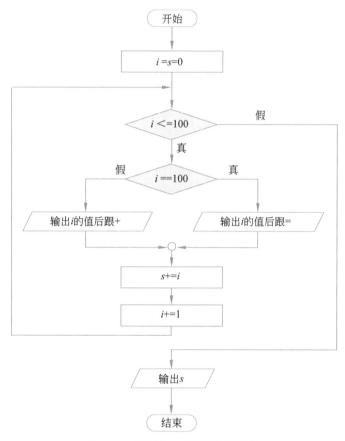

图 4-18 【实例 4-4】的算法流程图

```
File Edit Format Run Options Window Help
1  #输出1-100的求和公式
2  i,s = 1,0     #一次定义两个变量赋不同的值
3
4  #while循环
5  while i<=100:
6      #输出求和公式
7      if i==100:
8          print(i,end="=")
9      else:
10         print(i,end="+")
11
12     s+=i   #累计求和
13     i+=1   #令i增加1
14
15 #输出s
16 print(s)
17
```

```
1+2+3+4+5+6+7+8+9+10+11+12+13+14+15+
16+17+18+19+20+21+22+23+24+25+26+27+
28+29+30+31+32+33+34+35+36+37+38+39+
40+41+42+43+44+45+46+47+48+49+50+51+
52+53+54+55+56+57+58+59+60+61+62+63+
64+65+66+67+68+69+70+71+72+73+74+75+
76+77+78+79+80+81+82+83+84+85+86+87+
88+89+90+91+92+93+94+95+96+97+98+99+
100=5050
>>>
```

(a) 程序代码　　　　　　　　　　　(b) 运行效果

图 4-19 【实例 4-4】的程序代码与运行效果

4.3 循环的人为退出

前面两节讨论的无论是 for 循环还是 while 循环,都是由循环条件由"真"变为"假"来控制结束的。这种完全由循环条件控制退出循环的情况叫作正常退出循环。有时需要不等条件变为"假"就退出循环,这种退出循环的方式叫作人为退出循环。Python 使用 break 语句和 continue 语句实现人为退出循环,它们是两个关键字。

4.3.1 break 语句

break 语句的作用是退出整个循环,即使循环条件为"真"也不再执行。

break 语句结束循环的简单流程图如图 4-20 所示。

正常退出和使用 break 语句结束 for 循环的程序示例如图 4-21 所示。

图 4-21(a)是正常退出循环的代码和运行效果,程序的功能是遍历输出了整个字符串"bbababc"。在图 4-21(b)的程序中,第 7~8 行是 if 分支,后面跟了 break 语句。当提取并输出字符"a"时,满足了 if 后的条件,break 语句被执行控制退出了循环,结果只输出了"bba"。

图 4-20 break 语句结束循环的简单流程图

```
1 #正常退出for循环
2 s = "bbababc"
3
4 #for遍历循环
5 for ch in s:
6     print(ch, end="")
7
```

```
bbababc
>>> |
```

(a)

```
1 #beak语句结束整个循环
2 s = "bbababc"
3
4 #for遍历循环
5 for ch in s:
6     print(ch, end="")
7     if(ch=="a"):
8         break        #break语句
```

```
bba
>>> |
```

(b)

```
1 #beak语句结束整个循环
2
3 s = "bbababc"
4
5 #for遍历循环
6 for ch in s:
7     #单路分支结构
8     if(ch=="a"):
9         break        #break语句
10
11     print(ch, end="")
12 |
```

```
bb
>>> |
```

(c)

图 4-21 正常退出和使用 break 语句退出 for 循环的程序示例

程序中 break 语句控制 for 循环执行的情况,视频 4.3.1 中有详细介绍。

如果把图 4-21(b)程序中第 6 行与第 7~8 行的 if 分支交换位置,如图 4-21(c)所示。比较两个程序的输出结果可以看出,后者比前者少了一个字符"a"。这一情况说明,程序结构的细微差别,哪怕是语句之间位置上的不同也会对程序的运行产生影响。

▶▶▶ 细节决定成败

程序结构的细微差别,哪怕是语句位置上的不同也会对程序运行的结果产生影响。无论是编写程序,还是学习和工作,一定要养成认真、仔细、审慎的良好习惯,培养扎实、周密、严谨的工作作风。

正常退出和使用 break 语句结束 while 循环的程序示例如图 4-22 所示。

```
1  File Edit Format Run Options Window Help
2  #正常退出while循环
3
4  i = 1
5  #while循环结构
6  while i<=5:
7      print("(", end="")
8      print(")", end="")
9      i=i+1   #i增加1运算
10
```

```
() () () () ()
>>>
```

```
1  File Edit Format Run Options Window Help
2  #break语句退出while循环
3  i = 1
4
5  #while循环结构
6  while i<=5:
7      print("(", end="")
8      if i%2==0:
9          break;  #brea语句
10      print(")", end="")
11      i=i+1       #i增加1运算
```

```
() (
>>>
```

(a) 正常退出   (b) 人为退出

图 4-22 正常退出和使用 break 语句退出 while 循环的程序示例

图 4-22(a)是正常退出循环的代码和运行效果,由变量 i 控制输出了 5 对圆括号。

在图 4-22(b)的程序中,第 7~8 行是 if 单路分支,后面跟了 break 语句。当 $i==2$ 时,满足了 if 后面的条件,break 语句被执行,控制退出了循环,结果只输出了一对半圆括号。

程序中 break 语句控制 while 循环执行的情况,视频 4.3.1 中进行了演示和详细介绍。

4.3.2 continue 语句

continue 语句的作用是退出本次循环。如果条件为"真",则要继续执行循环。

continue 语句结束循环的简单流程图如图 4-23 所示。

正常退出和使用 continue 语句结束 for 循环的程序示例如图 4-24 所示。

图 4-24(a)是正常退出循环的代码和运行效果,程序的功能是遍历输出了整个字符串"bbababc"。在图 4-24(b)的程序中,第 6~7 行是 if 单路分支,后面跟了 continue 语句。程序执行时,如果提取的不是字符"a",if 后的条件不满足,则跳过 if 分支结构,执行第 8 行的 print 语句输出该字符。如果提取的是字符"a",则

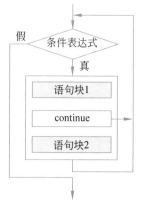

图 4-23 continue 语句结束循环的简单流程图

```
File  Edit  Format  Run  Options  Window  Help
1 #正常退出for循环
2 s = "bbababc"
3
4 #for遍历循环
5 for ch in s:
6      print(ch,end="")
7
```
```
bbababc
>>> |
```

```
File  Edit  Format  Run  Options  Window  Help
1 #coninue语句结束for循环
2 s = "bbababc"
3
4 #for遍历循环
5 for ch in s:
6      if(ch=="a"):
7           continue        #continue语句
8      print(ch,end="")
9
```
```
bbbbc
>>> |
```

(a) 正常退出　　　　　　　　　　　　(b) 人为退出

图 4-24　正常退出和使用 continue 语句退出 for 循环的程序示例

满足了 if 后的条件,continue 语句被执行,控制结束了本次循环。此时,第 8 行的 print 语句执行不了。所以,最终的输出结果是"bbbbc"。

程序中 continue 语句控制 for 循环执行的情况,视频 4.3.1 中进行了演示和详细介绍。

正常退出和使用 continue 语句结束 while 循环的程序示例如图 4-25 所示。

图 4-25(a)是正常退出循环的代码和运行效果。在图 4-25(b)的程序中,第 6~11 行是 while 循环的循环体。第 7~9 行是 if 单路分支,后面跟了 $i+=1$ 和 continue 语句。当 i 为 1、3、5 时,由于不满足 if 后的条件,第 8~9 行的代码不执行,其后面的语句被执行,所以每次均输出了一对圆括号。当 i 为 2、4 时,由于满足了 if 后的条件,第 8~9 行的代码被执行,continue 语句的执行控制退出了本次循环,第 10 行和第 11 行执行不了,所以每次只输出了左边的半个圆括号。

程序中 continue 语句控制 while 循环执行的情况,视频 4.3.1 中进行了演示和详细介绍。

```
File  Edit  Format  Run  Options  Window  Help
1 #coninue语句退出while循环
2 i = 1
3
4 #while循环结构
5 while i<=5:
6      print("(",end="")
7      print(")",end="")
8      i=i+1   #增加1运算
9
```
```
()()()()()
>>> |
```

```
File  Edit  Format  Run  Options  Window  Help
1 #coninue语句退出while循环
2 i = 1
3
4 #while循环结构
5 while i<=5:
6      print("(",end="")
7      if i%2==0:
8           i+=1
9           continue   #coninue语句
10     print(")",end="")
11     i=i+1   #增加1运算
12
```
```
()(()(()
>>> |
```

(a) 正常退出　　　　　　　　　　　　(b) 人为退出

图 4-25　正常退出和 continue 语句退出 while 循环的程序示例

需要说明的是,对于带 else 的 for 与 while 循环来说,如果循环是由于 break 语句退出的,那么 else 后的语句就不会被执行;continue 语句对 else 的执行没有影响。从图 4-26 所示的程序示例可以看出,图(a)中的程序 else 后的 print 语句没有执行,而图(b)中的程序执行了 else 后的 print 语句,输出了"OK"。

```
File Edit Format Run Options Window Help
1  #beak语句结束整个循环
2  s = "bbababc"
3
4  #带else的for遍历循环
5  for ch in s:
6      print(ch, end="")
7      if(ch=="a"):
8          break    #break语句
9  else:
10     print("OK")
11
```
```
bba
>>> |
```

```
File Edit Format Run Options Window Help
1  #coninue语句结束for循环
2  s = "bbababc"
3
4  #带else的for遍历循环
5  for ch in s:
6      if(ch=="a"):
7          continue    #continue语句
8      print(ch, end="")
9  else:
10     print("OK")
11
```
```
bbbbcOK
>>> |
```

(a) break语句   (b) continue语句

图 4-26 使用 break 与 continue 语句退出带 else 的 for 循环的程序示例

4.3.3 random 库

扫一扫

random 库是 Python 提供的另一个重要的库模块,用来产生随机数或随机序列。

random 库中的 7 个重要函数及作用如表 4-3 所示。其中,前面的 5 个用来产生随机数,后面的 2 个是基于序列的操作。2.4 节中介绍的字符串以及 5.1 节介绍的元组、5.2 介绍的列表都是序列。

表 4-3 random 库中的 7 个重要函数

函 数 形 式	作 用
random()	生成一个[0.0,1.0)区间的随机小数
randint(a,b)	生成一个[a,b]区间的整数
randrange(m,n[,k])	生成一个[m,n)区间步长为 k 的随机整数,省略参数 k 时默认步长为 1
getrandbits(k)	生成一个含 k 个二进制位的随机整数
uniform(a,b)	生成一个[a,b]区间的随机小数
choice(seq)	从序列 seq 中随机选择一个元素
shuffle(seq)	将序列 seq 中元素随机排列,返回打乱后的序列

在 IDLE 命令交互方式下使用 random 库中生成随机数函数的程序示例,如图 4-27 所示。

```
File Edit Shell Debug Options Window Help
>>> #random库模块生产随机数
>>> from random import *    #引入random模块
>>> random()            #生成[0.0,1.0]的随机小数
0.6712388516624034
>>> randint(1,100)    #生成[1,100]的随机整数
58
>>> randrange(1,100)    #生成[1,100]的随机整数
24
>>> getrandbits(8)    #生成8位二进制位组成的随机整数
116
>>> uniform(1,2)    #生成[1.0,2.0]的随机小数
1.4585263240561954
>>> |
```

图 4-27 使用 random 库生成随机数函数的程序示例

在这个程序中,第 1 条语句引入了 random 库模块。第 2 条语句调用 random 函数生成了一个 0～1 的随机小数。第 3 条语句调用 randint 函数生成了一个 0～1 的随机整数。第 4 条语句调用 getrandbits 函数生成了一个由 8 个二进制位组成的随机整数。第 5 条语句调用 uniform 函数生成了一个 1～2 的随机小数。

在 IDLE 命令交互方式下使用 random 库对序列进行操作的程序示例,如图 4-28 所示。

```
File  Edit  Shell  Debug  Options  Window  Help
>>> #random库模块对序列操作的函数
>>> from random import *   #引入random模块
>>>
>>> s1="123abcEFG"         #定义变量初始化
>>> choice(s1)             #随机提取元素
'b'
>>> choice(s1)             #随机提取元素
'3'
>>> choice(s1)             #随机提取元素
'3'
>>> s2=["A","B","C","D"]   #定义变量初始化列表
>>> shuffle(s2)            #对s2中的元素打乱顺序排列
>>> s2
['C', 'A', 'B', 'D']
>>> shuffle(s2)            #对s2中的元素打乱顺序排列
>>> s2
['A', 'B', 'D', 'C']
>>> |
```

图 4-28　使用 random 库对序列进行操作的程序示例

在这个程序中,第 1 条语句引入了 random 库模块。第 2 条语句定义了变量 $s1$,给它赋值一个字符串。第 3 条语句调用 choice 函数,从 $s1$ 中随机选取了一个字符,结果是"2"。第 4 条语句再次调用 choice 函数,从 $s1$ 中随机选取了一个字符,结果是"3"。第 5 条语句又一次调用 choice 函数,从 $s1$ 中随机选取了一个字符,结果是"G"。第 6 条语句定义了变量 $s2$,给它赋值一个由 4 个字符串组成的列表。第 7 条语句和第 9 条语句连续调用了 shuffle 函数,打乱了 $s2$ 中元素的排列顺序。第 1 次结果是['C','A','B','D'],第 2 次是['A','B','D','C']。

当前,很多网上考试系统都设置了对选择题中的选项进行乱序排列的功能,以增加可能出现的参考人员作弊的难度。shuffle 函数的功能与其类似,视频 4.3.2 中有相关演示和介绍。

4.3.4　2 个程序设计实例

1. 简单素数处理

【实例 4-5】　编程实现输入一个大于 1 的自然数 x,输出它是否为素数的信息。说明:素数是只有 1 和它自身两个因数的自然数。

经过对问题的分析,确定了实现思路:可以使用带 else 的 for 遍历循环,令变量 i 提取 $2\sim x-1$ 的每一个数,并对条件(i 是否为 x 的因数)做出判断。如果条件成立,则说明 x 除了 1 和其自身之外还有其他因数,不满足素数的定义,就输出"x 不是素数"的信息,并人为退出循环,结束程序。如果 i 提取的值均不满足条件,则说明 x 只有 1 和其自身两个因数,满足素数的定义,此时,for 循环正常结束,就会执行 else 后面的语句,输出"x 是素数"的信息,结束程序。

基于上面的分析,确定了这个问题的数据结构,只需要两个 int 型变量 x 和 i。x 用来存输入的自然数,i 用来执行遍历循环。

程序的算法流程图如图 4-29 所示。

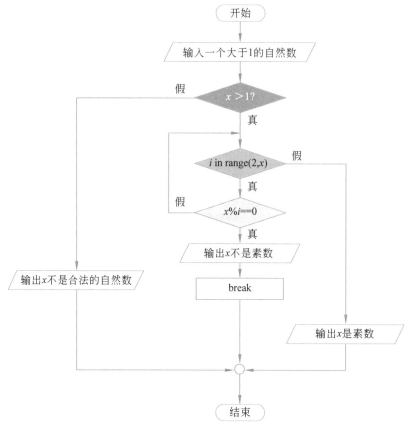

图 4-29 【实例 4-5】的算法流程图

程序的完整代码和运行效果如图 4-30 所示。

```
##输出自然数x是否为素数的信息

x = int(input("\n请输入一个大于1的整数: "))

#双路if分支对x的合法性进行处理
if x>1:
    #带else的for遍历循环
    for i in range(2,x):
        if x%i==0:        #i是x的因数
            print("{}不是素数".format(x))
            break         #人为结束循环
    else:
        print("{}是素数".format(x))
else:
    print("输入的{}不是合法的自然数".format(x))
```

```
请输入一个大于1的整数:   1
输入的1不是合法的自然数
>>>
```

```
请输入一个大于1的整数:   3
3是素数
>>>
```

```
请输入一个大于1的整数:   6
6不是素数
>>>
```

(a) 程序代码   (b) 运行效果

图 4-30 【实例 4-5】的程序代码与运行效果

这个程序的结构较复杂,分支中包含了循环,循环中又包含了分支,既有正常结束循环的情况,又有人为结束循环的情况。在该程序中,第 6～15 行是双路分支结构。第 8～13 行是带 else 的 for 遍历循环。第 9～11 行是循环体,是一个 if 单路分支。第 11 行是 break 语句,用于人为退出循环。图 4-30(b)是 3 次运行程序的效果截图。

本程序的运行情况,视频 4.3.2 中有详细演示。

2. 简单猜数字游戏

【实例 4-6】 编程实现一个猜数字的简单游戏。程序运行时,系统自动生成一个 1～100 的随机整数,提示用户输入数据来猜,最多可以猜 20 次,超过 20 次就输出"游戏结束!"的信息,并结束游戏。在猜的过程中,若用户输入的数字比生成的数字大,就提示"**太大"的信息,让用户继续猜;若输入的数字比生成的数字小,就提示"**太小"的信息,让用户继续猜;如果输入的数字和生成的数字相等,就输出"恭喜你,猜中了! 共猜了**次"的信息,结束游戏。

经过对问题的分析,确定了实现思路:由于猜的次数事先无法确定,所以需要使用 while 无限循环实现。假如 n 为猜的次数,它的初始值为 0(开始猜之前),每猜一次就令 n 的值增加 1,当 n 大于 20 或者当某一次猜中了时就结束循环。很显然,这个循环既有正常退出的情况(猜的次数已达到了 20 次),也有人为退出循环的情况(某一次猜中了)。循环体是一个采用 if-elif-else 实现的三路分支,用来对猜大了、猜小了、猜中了 3 种情况做出处理。

根据上述思路,确定了程序的数据结构,需要用到 3 个 int 型的变量 key、guess 和 n。key 来存系统产生的随机整数(要猜的数),guess 用来存输入的数据,n 用来累计猜的次数。

程序的算法流程图如图 4-31 所示。

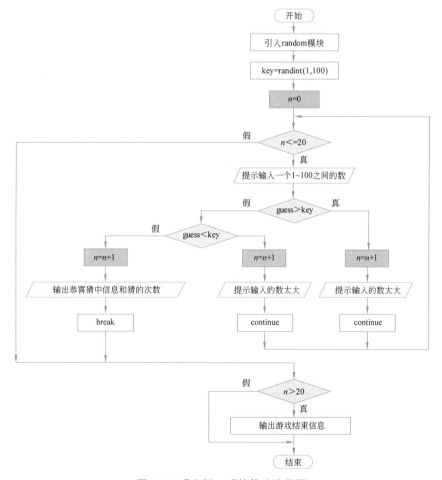

图 4-31 【实例 4-6】的算法流程图

程序的完整代码如图 4-32 所示。

```
File Edit Format Run Options Window Help
1  #一个猜数字的简单游戏
2  #
3  from random import *    #引入random模块
4
5  key = randint(1, 100)    #生成1-100的随机整数
6
7  n = 0    #计数器清零
8
9  #while循环结构控制猜20次
10 while n<=20:
11     guess = int(input("\n请输入一个1-100之间的整数: "))    #输入猜的数
12
13     #三路分支结构
14     if guess>key:
15         n+=1    #猜的次数增加1
16         print("\n{}太大！".format(guess))
17         continue    #返回继续下一次循环
18     elif guess<key:
19         n+=1    #猜的次数增加1
20         print("\n{}太小！".format(guess))
21         continue    #返回继续下一次循环
22     else:
23         n+=1    #猜的次数增加1
24         print("\n恭喜你，猜中了！总次数是{}\n".format(n))
25         break    #结束循环
26
27 #单路if分支，输出没猜中，游戏结束信息
28 if(n>20):
29     print("\n=========游戏结束！=========\n")
30
```

图 4-32 【实例 4-6】的程序代码

该程序中用到了 4.3.3 节介绍的使用 random 模块产生随机数的知识。第 3 行是引入 random 模块的语句。第 5 行是通过 randint 函数产生 1~100 随机数的语句。第 10~25 行是无限 while 循环结构控制最多猜 20 次。第 11~25 行是循环体。第 14~25 行是一个 if-elif-else 三路分支结构，用于处理猜大了、猜小了、猜中了时应该做出的处理。第 17 和 21 行是 continue 语句，用于猜不中时就返回到 while 所在的位置重新判断条件，从而决定是否继续进行下一次。第 25 行是 break 语句，用于猜中了时退出循环。第 28~29 行是退出循环后执行的部分，是一个单路分支，用于输出没有猜中时的相关信息。

该程序的运行情况在视频 4.3.2 中有详细演示。

扫一扫

 循环的嵌套

4.4.1 概述

和分支的嵌套结构一样，对于复杂的问题来说，循环也需要进行嵌套。

循环中套着循环的结构叫作嵌套循环结构。在嵌套循环结构中，处于最外面的一层是第一层，套在第一层里的是第二层，套在第二层里的是第三层……依此类推。在实际应用中，使用最多的是一层和两层循环结构，也把它们分别叫作单重循环和双重循环结构。

三层嵌套 for 遍历循环结构如图 4-33 所示。

双重 for 循环结构的程序示例如图 4-34 所示。

在该程序中，第 4~5 行是内层 for 循环，第 5 行是它的循环体。内层循环重复执行 5

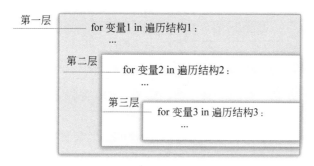

图 4-33 三层嵌套 for 遍历循环结构

```
File  Edit  Format  Run  Options  Window  Help
1  #双重for循环结构
2
3  for i in range(2):    #外层for
4      for j in range(5):  #里层for
5          print("*",end="")
6
7      print()
8
```

(a) 程序代码   (b) 运行效果

图 4-34 双重 for 循环结构的程序示例

次,输出 5 个连续的"＊"。第 3~7 行是外层 for 循环,它的循环体除了内层 for 循环外,还有第 7 行的 print 语句。很显然,外层循环执行两次,结果是输出了两行,每行含 5 个"＊"的图案。

本程序的执行过程,视频 4.4 中有详细介绍。

4.4.2 3 个程序设计实例

1. 九九乘法表

【实例 4-7】 编程实现输出九九乘法表。

经过对问题的分析,确定了问题解决方案:采用与图 4-34 中程序类似的结构使用双重 for 循环可以实现。

程序的数据结构包括两个 int 型变量 i 和 j,i 用来控制输出 1~9 行,j 用来控制输出每一行中的列。

程序的算法流程图如图 4-35 所示。

程序的完整代码和运行效果如图 4-36 所示。

在该程序中,第 3~7 行是外层循环,i 从 1~9 遍历,执行 9 次循环,控制输出 9 行。第 4~5 行是内层循环,j 从 1~i 遍历,执行 i 次循环,控制输出 i 列。第 5 行是内层循环的循环体,用于输出乘法公式。

2. 复杂素数处理

【实例 4-8】 编程对【实例 4-5】进行改版,实现输出自然数 m 与 $n(m<n)$ 之间的所有素数。

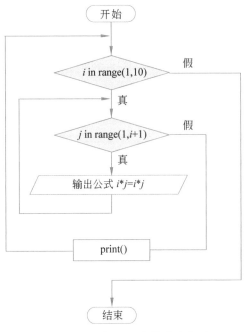

图 4-35 【实例 4-7】的算法流程图

```
File  Edit  Format  Run  Options  Window  Help
1  #输出九九乘法表
2
3  for i in range(1, 10):          #外层循环
4      for j in range(1, i+1):      #外层循环
5          print("{}*{}={:2} ".format(j, i, i*j), end="")
6
7      print()      #控制换行
8
```

(a) 程序代码

```
1*1= 1
1*2= 2 2*2= 4
1*3= 3 2*3= 6 3*3= 9
1*4= 4 2*4= 8 3*4=12 4*4=16
1*5= 5 2*5=10 3*5=15 4*5=20 5*5=25
1*6= 6 2*6=12 3*6=18 4*6=24 5*6=30 6*6=36
1*7= 7 2*7=14 3*7=21 4*7=28 5*7=35 6*7=42 7*7=49
1*8= 8 2*8=16 3*8=24 4*8=32 5*8=40 6*8=48 7*8=56 8*8=64
1*9= 9 2*9=18 3*9=27 4*9=36 5*9=45 6*9=54 7*9=63 8*9=72 9*9=81
>>>
```

(b) 运行效果

图 4-36 【实例 4-7】的程序代码与运行效果

有了【实例 4-5】介绍的判断自然数 x 是否为素数的方法,这个问题的实现就很容易理解:使用双重遍历循环 for 语句可以实现。

程序的数据结构包括两个 int 型变量 i 和 j,i 用来遍历 $m \sim n$ 的每一个数,j 用来对每一个 i 进行是否为素数的处理。

程序的算法流程图如图 4-37 所示。

程序的完整代码和运行效果如图 4-38 所示。

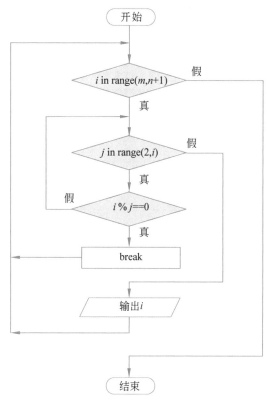

图 4-37 【实例 4-8】的算法流程图

```
File  Edit  Format  Run  Options  Window  Help
1  #输出m-n的素数
2  m = int(input("输入m(1<m<n):   "))
3  n = int(input("输入n(n>1):   "))
4
5  #外层for控制遍历m至n
6  for i in range(m,n+1):
7      for j in range(2,i):    #内层for判i是否为素数
8          if i%j==0:
9              break           #人为退出内层循环
10     else:
11         print(i,end=" ")    #输出素数
12
```

```
输入m(1<m<n):    100
输入n(n>1):     200
101 103 107 109 113 127 131 137 139 149 151
157 163 167 173 179 181 191 193 197 199
>>>
```

(a) 程序代码   (b) 运行效果

图 4-38 【实例 4-8】的程序代码与运行效果

在该程序中,第 2 行和第 3 行是输入 m 和 n 的语句。第 6～11 行是外层 for 循环,i 提取 m 与 n 之间的每一个数。第 7～11 行是一个带 else 的 for 循环,它是外层 for 循环的循环体,用来判断 i 是否为素数,若 i 是素数,则输出它。

本程序的执行情况,视频 4.4 里有详细演示。

3. 复杂猜数字游戏

【实例 4-9】 编程对【实例 4-6】进行改版,编程实现当一次猜的过程结束时,提示用户是否继续游戏,若用户输入"n 或 N",则结束游戏;否则重新开始游戏。

通过对问题的分析,确定了问题的解决思路:由于这是一个执行次数不确定的循环结构,所以应该使用无限循环 while 语句实现,令它的条件永远为"真"。循环体除了【实例 4-6】中

的代码外,应该在其后面加上一个两路分支结构,用来控制一旦用户输入"N"或"n"就退出循环,结束整个游戏。很显然,这是一个双重 while 结构。

根据上述思路,确定了程序的数据结构,需要用到 4 个变量,如表 4-4 所示。

表 4-4 【实例 4-9】数据结构信息

变 量 名	数 据 类 型	作　　用
key	int	存系统生成的随机数
guess	int	存输入的要猜的数
n	int	存累计猜的次数
again	string	存用户输入的是否继续游戏的信息

程序的算法流程图如图 4-39 所示。

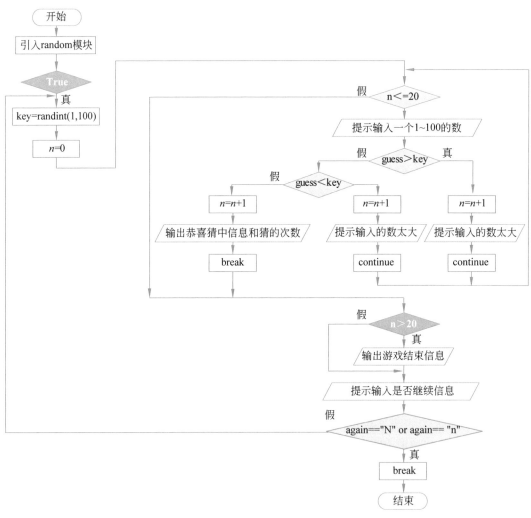

图 4-39 【实例 4-9】的算法流程图

程序的完整代码如图 4-40 所示。

```
File Edit Format Run Options Window Help
1  #一个猜数字的简单游戏
2  #
3  from random import *    #引入random模块
4
5  #外层while循环
6  while True:
7      key = randint(1,100)    #生成1-100的随机整数
8      n = 0    #计数器清零
9
10     #while循环结构控制猜20次
11     while n<=20:
12         guess = int(input("\n请输入一个1-100的整数： "))    #输入猜的数
13
14         #三路分支结构
15         if guess>key:
16             n+=1    #猜的次数增加1
17             print("\n{}太大！ ".format(guess))
18             continue    #返回继续下一次循环
19         elif guess<key:
20             n+=1    #猜的次数增加1
21             print("\n{}太小！ ".format(guess))
22             continue    #返回继续下一次循环
23         else:
24             n+=1    #猜的次数增加1
25             print("\n恭喜你，猜中了！总次数是{}\n".format(n))
26             break    #结束内层循环
27
28     #单路if分支，输出没猜中，游戏结束信息
29     if(n>20):
30         print("\n========游戏结束！ ========\n")
31
32     again = input("\n继续游戏吗?(按N\n结束游戏)： ")
33     #单路if分支，控制结束外层循环
34     if again=="N" or again=="n":
35         break    #结束外层循环
```

图 4-40 【实例 4-9】的程序代码

在该程序中,第 6～35 行是外层 while 循环,它的条件是一个永远为"真"的常量,是一个死循环。第 7～30 行与【实例 4-6】中的代码相同,在这里它被用作了外层 while 循环的循环体的一部分。第 32 行是提示用户输入是否继续游戏的语句。第 34～35 行是一个单路分支,后面是 break 语句,用于控制当用户输入"n"或"N"时结束外层循环,彻底退出游戏。请注意,第 26 行 break 语句的作用是退出内层 while 循环,第 35 行 break 语句的作用是退出外层 while 循环。

程序的运行情况在视频 4.4 中有详细演示。

4.5 习题与上机编程

一、单项选择题

1. 以下选项中不可以用作 for 语句遍历结构的是_____。

　　A) 字符串　　　　　B) 元组　　　　　C) 列表　　　　　D) 原子类型

2. 以下关于 for 语句的说法不正确的是_____。

　　A) 遍历结构后面必须有冒号

　　B) 循环的次数就是遍历结构的元素个数

　　C) 循环体至少执行 1 次

　　D) 循环执行的次数是有限的

3. 以下关于 for 和 while 语句的说法不正确的是_____。

　　A）两者都可以实现次数已知的循环　　B）两者都可以实现次数未知的循环

　　C）两者都可以使用 break 语句结束循环　　D）两者后面都可以带 else 子句

4. 若有：

```
for i in range(5):
    pass
```

以上代码执行后,变量 i 的值是_____。

　　A）3　　　　　　　B）4　　　　　　　C）5　　　　　　　D）不定

5. 若有：

```
sum = 1.0
for num in range(1,4):
  sum+=num
print(sum)
```

以上代码执行的输出结果是_____。

　　A）7　　　　　　　B）6　　　　　　　C）1.0　　　　　　　D）7.0

6. 以下可以生成某一范围内随机整数的函数是_____。

　　A）random　　　　B）randint　　　　C）randrange　　　　D）uniform

7. 若有：

```
for i in range(3):
    for j in range(1,3):
        print(i,end="") if i%2==0 else print(j,end="")
```

以上代码执行的输出结果是_____。

　　A）001222　　　　B）00123123　　　　C）112233　　　　D）123123

8. 若有：

```
n=9
while n>=7:
    n-=1
    print(n,end="")
```

以上代码执行的输出结果是_____。

　　A）987　　　　　　B）9876　　　　　　C）876　　　　　　D）87

9. 若有：

```
i = 10
while i>1:
    i-=1
    if i%2==0:
        continue
print(i,end="")
```

以上代码执行的输出结果是_____。

    A) 10987654321   B) 97531   C) 108642   D) 987654321

10. 若有：

```
a=b=1
while a<=100:
    a+=1
    if b >= 20:
        break
    if b % 3 == 1:
        b += 3
        continue
    b -= 5
print(a)
```

以上代码执行的输出结果是_____。

    A) 10   B) 9   C) 8   D) 7

二、判断题

1. 在 Python 中，for 语句用于实现次数有限的循环。   (　　)

    A) √   B) ×

2. 在 Python 中，break 语句用于结束整个循环。   (　　)

    A) √   B) ×

3. 嵌套循环执行的次数是每层循环执行次数的和。   (　　)

    A) √   B) ×

4. range(5) 生成了含 1～5 的整数序列。   (　　)

    A) √   B) ×

5. random 模块里的 shuffle 函数操作的对象必须是序列。   (　　)

    A) √   B) ×

三、应用题

1. 以下代码实现求 $n!$ 输出。程序运行时的输入输出格式如下。

```
输入一个自然数 n：  0
输入一个自然数 n：  -1
输入一个自然数 n：  5
5!=120
```

请根据上述格式把代码补充完整。

```
##求 n 的阶乘
while True:
    n=int(input("输入一个自然数 n：  "))
    if n>=1:
```

```
            (1)        #退出循环
          (2)
for i in     (3)     :
    f * = i
else:
    print(     (4)     )
```

2. 以下代码实现把字符串 s 中的数字字符提取出来生成对应的整数。若 s 为 "abcd1a3c0",则输出结果为 130。请把代码补充完整。

```
##提取数字并转换为整数
s=input("请输入：  ")
     (1)
#for 遍历循环
for     (2)     :
    if     (3)     :
        n+=ch
else:
    print(     (4)     )
```

3. 以下是使用 for 语句实现的统计字符串中字母个数的程序,请使用 while 语句改写这个程序。

```
#统计字母的个数
s=input("请输入：  ")
n=0
#for 遍历循环
for ch in s:
    if "a"<=ch<="z" or "A"<=ch<="Z":
        n+=1
else:
    print("字母的个数是:",n)
```

四、 使用 IDLE 命令交互方式编程

1. 写出满足条件的 range 遍历结构和执行结果。

(1) 生成包含在[1,10]的所有整数组成的遍历结构。

\>>>

(2) 生成包含在[1,10]的所有整数倒序排列的遍历结构。

\>>>

(3) 生成包含在[1,10]的所有奇数组成的遍历结构。

\>>>

2. 使用 random 模块中的函数写出满足条件的语句和执行结果。

```
>>>import random
```

（1）写出生成一个包含在[1,10]的随机整数的语句和执行结果。

```
>>>
```

（2）写出生成一个包含在[1,2]之间的随机小数的语句和执行结果。

```
>>>
```

（3）写出随机选取 pw 中三个字符组成一个新字符串的语句和执行结果。

```
>>>pw="abc123DEF"
>>>
```

（4）写出可以把 citys 中的内容乱序排列的语句和执行结果。

```
>>> citys=["大连","沈阳","鞍山"]
>>>
```

五、 使用 IDLE 文件执行方式编程

1. 整数的素因子

（1）题目内容：编程实现,读取一个整数,然后按顺序显示它所有的最小因子,也称为素因子。假如输入的整数为 120,那么输出的结果应该为：2,2,2,3,5。

（2）输入格式：一个整数。

（3）输出格式：所有的最小因子(用逗号分隔)。

（4）输入样例。

```
120
```

（5）输出样例。

```
2,2,2,3,5
```

2. 数列求和

（1）题目内容：编程实现,求 $Sn = a + aa + aaa + aaaa + ...$ 的值,其中 a 是 1~9 的一个数字,n 为一个正整数,a 和 n 均从键盘输入。假如输入的 a 为 2,n 为 5,那么 $Sn = 2 + 22 + 222 + 2222 + 22222$。

（2）输入格式：a 和 n 的值(使用逗号分隔)。

（3）输出格式：数列求和的结果。

（4）输入样例。

```
2,5
```

（5）输出样例。

```
24690
```

3. 验证书号的合法性

（1）题目内容：编程实现，输入一个书号，并输出它的有效性。

国际书号（ISBN）是按照国际标准统一编号的。它由 10 位或 13 位数字字符组成，并规定最右边的数字是第 1 位。最右边的数字可以是 x，表示整数 10，其他位可以是 0～9 的数字。由十位数字组成书号的格式及意义如图 4-41 所示。

图 4-41　由 10 位数字组成的书号格式及意义

判断一个书号是否有效的方法之一是先求所有数字的位权之和。数字的位权按以下方法确定。

- 对于由 10 位数字组成的书号，数字的位权是该数字与其对应位置序号的乘积。
- 对于由 13 位数字组成的书号，数字的位权按奇数位数字乘以 1，偶数位数字乘以 3 计算。

之后按照下列方法判断书号的合法性。

- 对于由 10 位数字组成的书号，判断位权之和能否被 11 整除。
- 对于由 13 位数字组成的书号，判断位权之和能否被 10 整除。

若可以整除，则是一个有效的书号，否则是无效书号。

对于书号 0-07-881809-5，其位权之和是：$0\times10+0\times9+7\times8+8\times7+8\times6+1\times5+8\times4+0\times3+9\times2+5\times1=220$，因为 220 能被 11 整除，所以该书号是一个有效的书号。对于书号 978-7-302-52029-0，其位权之和是：$9\times1+7\times3+8\times1+7\times3+3\times1+0\times3+2\times1+5\times3+2\times1+0\times3+2\times1+9\times3+0\times1=110$，因为 110 能被 10 整除，所以该书号也是一个有效的书号。

（2）输入格式：一个符合书号格式的字符串。

（3）输出格式：合法书号或非法书号信息。

（4）输入样例。

```
978-07-04-54795-5
```

（5）输出样例。

```
合法书号
```

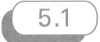

第5章 组合数据类型及其应用

本章学习目标

- 理解序列、映射、数据可变与不可变的概念
- 熟练掌握元组数据类型的使用方法
- 熟练掌握列表数据类型的使用方法
- 熟练掌握字典数据类型的使用方法
- 掌握集合数据类型的使用方法

前 4 章讨论的都是一些相对简单的问题,程序中存储和处理的数据比较少,而且数据与数据之间都相对独立。对于复杂的问题来说,需要处理的数据量一般都比较大,而且数据之间往往存在关联。举个例子来说,如果要处理一个学校开设的课程情况,就要把表示课程信息的数据,包括课程编号、课程名称、学分等相互关联的数据项组织到一起处理,类似这样的问题就要借助组合数据类型来实现。本章研究组合数据类型及应用。主要介绍元组、列表、字典、集合 4 种组合数据类型及应用。

5.1 元组及其应用

5.1.1 元组概述

1. 元组的含义

元组是使用一对圆括号括起来的 0 个或多个数据元素的序列。如()、(1,2,3)、("a","b","c")都是元组。

对元组有以下 4 点说明。

(1) 元组中的数据元素可以是包括元组在内的任意数据类型。

（2）元组中元素的个数叫作元组的长度。

（3）含有 0 个元素的元组（一对空的圆括号）叫作空元组。

（4）若元组中只有一个元素，书写时元素的后面必须跟一个逗号。

2. 定义元组

定义元组的一般格式如下。

变量名 = 元组

在 IDLE 命令交互方式下定义元组的程序示例如图 5-1 所示。在该程序中，第 1 个变量定义了空元组 $t1$。第 2 个变量定义了只有一个整数元素 1 的元组 $t2$。该条语句里 1 后面的逗号是必须要有的，否则系统会把 1 当作普通的整数处理。第 3 个变量定义了含三个整数元素的元组 $t3$，存了某个人的三科考试成绩。第 4 个变量定义了含三个浮点数元素的元组 $t4$，存了三个季度的 GDP 增长率。最后一个变量定义了元组 $t5$，存了一个学生的姓名、年龄和三科考试成绩。它含有三个不同数据类型的元素，自左向右依次是字符串类型、整数类型、元组类型。

```
File  Edit  Shell  Debug  Options  Window  Help
>>> #元组数据类型
>>>
>>> t1=() #空元组
>>> t1
()
>>> t2=(1,) #只有一个元素
>>> t2
(1,)
>>> t3=(75,66,87) #含三个整数元素
>>> t3
(75, 66, 87)
>>> t4=(0.032,0.027,0.036) #含三个小数元素
>>> t4
(0.032, 0.027, 0.036)
>>> t5=("李梅",18,(75,87,62)) #含不同类型的元素
>>> t5
('李梅', 18, (75, 87, 62))
>>> |
```

图 5-1　定义元组的程序示例

3. 一维和多维元组

可以通过圆括号的层数来确定元组的维数。只含一层圆括号的元组叫作一维元组。含有两层圆括号的元组叫作二维元组。同样的道理，含有三层圆括号的元组叫作三维元组，含有四层圆括号的元组叫作四维元组……依此类推。

如：

(1,2,3)是一维元组。

(1,2,(3))是二维元组。

(1,2,(3,(4)))是三维元组。

二维及二维以上的元组叫作多维元组。

5.1.2　元组处理

1. 访问元素

和字符串一样，元组中的元素也是使用序号来表示其在序列中的位置，且同样拥有非负

序号和负序号两种格式。

一维元组 $t1=(1,2,3)$ 中元素的序号如图 5-2 所示。其中,非负序号自左向右是 $0\sim2$,负序号自左向右是 $-3\sim-1$。

对于多维元组来说,每一层圆括号中的元素都采用相同的方法确定序号。二维元组 $t2=(1,(2,3))$ 中元素的序号如图 5-3 所示。其中,第一层圆括号中的元素 1 和 $(2,3)$,其非负序号自左向右是 $0\sim1$,负序号自左向右是 $-2\sim-1$。第二层圆括号中的元素 2 和 3,非负序号自左向右也是 $0\sim1$,负序号自左向右也是 $-2\sim-1$。

图 5-2　一维元组中元素的序号　　　图 5-3　二维元组中元素的序号

和检索字符串中字符的方法一样,可以通过序号来访问元组中的元素。

访问元组中元素的一般格式如下。

元组变量名[序号]

对于一维元组 $t1=(1,2,3)$ 来说,$t1[1]$ 和 $t1[-2]$ 访问的都是左边第 2 个元素 2。对于二维元组 $t2=(1,(2,3))$ 来说,$t2[1]$ 和 $t2[-1]$ 访问的都是左边第 2 个元素 $(2,3)$,它是一个一维元组。

访问多维元组里元素的格式如下。

元组变量名[序号 1][序号 2]…[序号 n]

其中,序号 1、序号 2、……、序号 n 分别用来表示该元素所处的第 1 层、第 2 层、……、第 n 层圆括号里的序号。很显然,访问的元素处于第几层圆括号里,就要带几个序号。

对于二维元组 $t2=(1,(2,3))$ 来说,如果要访问元素 2,就要带 2 个序号,可以使用 $t2[1][0]$、$t2[1][-2]$、$t2[-1][0]$、$t2[-1][-2]$ 表示。

2. 元组切片

和字符串一样,元组也可以进行切片。元组切片的方法及注意事项与 2.4.2 节中介绍的字符串切片完全一样,这里不再赘述。

字符串切片与元组切片的不同如下。

(1)字符串切片的结果是字符串类型。

(2)元组切片的结果是元组类型。

在 IDLE 命令交互方式下对元组进行切片的程序示例如图 5-4 所示。可以对照图 5-4(b)所示的存储情况加以理解。

3. 元组运算

和字符串类似,Python 中用于元组的运算符如表 5-1 所示。

(a) 程序代码　　　　　　　　　　　　　(b) 存储结构

图 5-4　元组切片程序示例

表 5-1　元组的运算符和表达式

运　算　符	实　施　运　算	表　达　式
+	合并运算	$t1+t2$
*	复制运算	$t*n$
in	包含运算	$t1$ in t

其中,合并运算(+)用来将运算符右边元组中的元素按原有顺序合并到左边元组最后一个元素后面,生成一个新的元组。复制运算(*)用来生成原元组的若干副本,并将其合并为一个新的元组。包含运算(in)用来判断一个对象是否是元组的元素。

在 IDLE 命令交互方式下使用元组运算的程序示例如图 5-5 所示。

```
File  Edit  Shell  Debug  Options  Window  Help
>>> #元组运算
>>> t1=(1,2,3);t2=("a","b","c")
>>> t1+t2
(1, 2, 3, 'a', 'b', 'c')
>>> t1*3
(1, 2, 3, 1, 2, 3, 1, 2, 3)
>>> (1,2) in t1
False
>>> (1,2) in ((1,2),(2,3))
True
>>>
```

图 5-5　元组运算程序示例

在这个程序中,先定义了含 3 个整数 1、2、3 的元组 $t1$ 和含 3 个字符串"a""b""c"的元组 $t2$,之后进行 $t1+t2$ 运算,结果是生成了一个含 6 个元素的元组(1,2,3,'a','b','c')。之后进行 $t1*3$ 运算,结果是将 $t1$ 复制了 3 次,并合并成了一个含 9 个元素的元组(1,2,3,1,2,3,1,2,3)。之后判断(1,2)是否为 $t1$ 的元素,结果是 False。最后判断(1,2)是否为元组((1,2),(2,3))的元素,结果为 True。

4. 常用函数与方法

Python 提供了 4 个用于元组处理的内置函数,如表 5-2 所示。

表 5-2　内置元组处理函数

函　　数	功　　能
len(t)	求元组 t 的长度,即元素个数
max(t)	求元组 t 中元素的最大值
min(t)	求元组 t 中元素的最小值
tuple(seq)	将 seq 转换为元组类型

在 IDLE 命令交互方式中使用几个函数的程序示例如图 5-6 所示。

图 5-6　使用元组处理函数的程序示例

在这个程序中,先定义了一个字符串变量 s 和 3 个元组变量 t、$t1$、$t2$。t、$t1$、$t2$ 分别存了含 4 个数值型元素、3 个字符串元素、4 个复数元素。之后执行 len(t),求 t 的元素个数,结果是 4。执行 max(t),求 t 中元素的最大值,结果是 5.2。执行 min($t1$),求 $t1$ 中元素的最小值,结果是字符串"ab"。执行 max($t2$),求 $t2$ 中元素的最大值,程序运行出错,因为在 3.1.1 节中介绍过复数类型的数据无法比较大小。最后执行 tuple(s),结果是把字符串 "abc" 转换成了含三个元素的元组('a'、'b'、'c')。

除了内置函数,还有 2 个重要的元组处理方法,如表 5-3 所示。

表 5-3　2 个元组处理方法

方　　法	功　　能
t.count(value)	返回元组 t 中值为 value 的元素个数
t.index(value)	返回元组 t 中值为 value 的元素首次出现的序号

在 IDLE 命令交互方式下使用两个方法的程序示例如图 5-7 所示。

在上面的程序中,首先定义了含 8 个元素的元组 t,之后使用 count 函数统计值为 1 的元素个数,结果是 3。使用 index 函数求值为 3 的元素首次出现的序号,结果是 2。

图 5-7　使用元组处理方法的程序示例

5. 元组的特性

元组是一种不可变的数据类型。这种不可变性体现在元组一旦被定义,就只能作为一个整体进行赋值,不可以对单个元素进行赋值。

有关元组不可变的程序示例如图 5-8 所示。

```
File  Edit  Shell  Debug  Options  Window  Help
>>> #元组的不可变性
>>>
>>> t1 = ("滑雪","游泳","狩猎")
>>>
>>> #t1可以整体被操作
>>> t1 = ("滑雪","游泳","狩猎","购物")
>>>
>>> #不可以修改元素值
>>> t1[1]="冲浪":
Traceback (most recent call last):
  File "<pyshell#8>", line 1, in <module>
    t1[1]="冲浪"
TypeError: 'tuple' object does not support item assignment
>>>
```

图 5-8　元组不可变的程序示例

在该程序中,元组 $t1$ 开始存储了某旅游公司开出的 3 个旅游项目("滑雪","游泳","狩猎"),后来公司发展,把项目扩展到了 4 个("滑雪","游泳","狩猎","购物"),所以对元组 $t1$ 作为一个整体重新进行了赋值,这样做是可以的。后面试图把第 2 个元素 $t1[1]$ 修改为"冲浪",结果引发了错误。系统提示,元组类型不支持对元素赋值操作。

元组的这种不可变特性可以保护其内部的数据,确保数据的安全。

5.1.3　2个程序设计实例

扫一扫

1. 输出星期信息

【实例 5-1】　编程实现,输入一个 1 到 7 之间的整数,输出与输入数字对应的"星期一"至"星期日"的信息。

经过分析,"星期一"至"星期日"是 7 个固定不变的字符串,符合元组不可变的特点,可以使用一维元组 weeks 来存储。为了操作方便,可以令它含 8 个元素,第 1 个元素存空串(""),这样,只要令输入的数字 n 作元组 weeks 的序号,取到的恰好就是与该数字相对应的星期几的信息。

一维元组 weeks 的存储结构简图如图 5-9 所示。

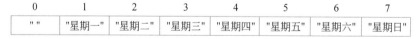

0	1	2	3	4	5	6	7
""	"星期一"	"星期二"	"星期三"	"星期四"	"星期五"	"星期六"	"星期日"

图 5-9　一维元组 weeks 的存储结构简图

根据上面的分析,确定了程序的数据结构,需要一个一维元组 weeks 和一个整型变量 n,分别用来存星期几的信息和输入的数据。

程序的算法流程图如图 5-10 所示。

程序的完整代码和运行效果如图 5-11 所示。第 4～5 行是定义元组 weeks 的代码,它实质上是一条语句,可以直接写成多行,不需要使用反斜杠(\)续行。weeks 里含 8 个元素,

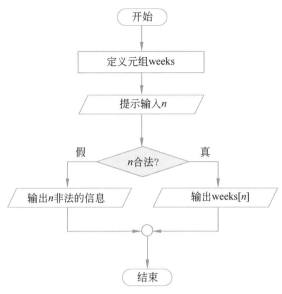

图 5-10 【实例 5-1】的算法流程图

序号为 0 的是空串,尽管它在编程时没有用,但是加入了它,使得后面其他 7 个元素的序号是几,对应的元素就是字符串"星期几",这就给问题处理带来了很大的方便。第 10～14 行是一个双路分支结构,用来控制输入 1～7 的数时就输出"今天是星期几"的信息,否则就输出"输入的不是 1 至 7 之间的数字!"的信息。图 5-11(b)是单独运行程序两次的运行效果截图。

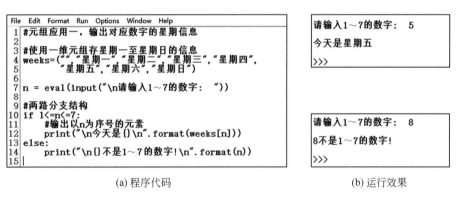

(a) 程序代码   (b) 运行效果

图 5-11 【实例 5-1】的程序代码和运行效果

2. 求已过去的天数

【实例 5-2】 编程实现,输入 1980 年 1 月 1 日之后的年、月、日,输出该年度经过了的天数。

经过分析,12 个月的天数是固定不变的整数,符合元组不可变的特点,可以使用一个含两个一维元组的二维元组 month_days 来存储。

二维元组 month_days 的存储结构简图如图 5-12 所示。

在图 5-12 中,第 1 行的序号为 0,存了不是闰年时各月份的天数;第 2 行的序号为 1,存

	0	1	2	3	4	5	6	7	8	9	10	11	12
0	0	31	28	31	30	31	30	31	31	30	31	30	31
1	0	31	29	31	30	31	30	31	31	30	31	30	31

图 5-12　二维元组 month_days 存储结构简图

了闰年时各月份的天数。为了处理方便,可以令每行含 13 个元素,序号为 0 的元素存 0,其他序号的元素存储该序号对应月份的天数。

　　程序运行时,根据输入的年是否为闰年决定从哪一行中取值——闰年从第 2 行取值,不是闰年从第 1 行取值。然后遍历 1 至输入的月份减 1,累计每个月的天数之和。遍历结束时加上最后一个月的天数(也就是输入的天数),即可求得结果。

　　这里可以定义一个变量 leap,用它存是否是闰年的结果。它的值是逻辑值 True 或 False,2.2.3 节介绍过,逻辑值是整数的子集,False 对应的是 0,True 对应的是 1,如果让 leap 做 month_days 的序号,就可以解决根据是否是闰年从二维元组中准确取值的问题。

　　基于上述分析确定了程序的数据结构,如表 5-4 所示。

表 5-4　【实例 5-2】数据结构信息

变　量　名	数据类型	作　　用
month_days	tuple	存储不是闰年和闰年每个月的天数
year	int	存输入的年
month	int	存输入的月
day	int	存输入的日
leap	bool	存是否是闰年的信息
i	int	控制遍历月份
days	int	累计经历的天数

　　程序的算法流程图如图 5-13 所示。

　　程序的完整代码及运行效果如图 5-14 所示。

　　在该程序中,第 5~8 行是二维元组的定义部分。第 15 行把输入的非整月的天数存到了 days 中。第 18 行是判断闰年的语句,用到了 3.1.2 节中介绍过的判断闰年表达式。第 21~22 行是一个遍历循环结构,用于累计整月的天数。请注意,第 5~8 行二维元组 month_days 的定义写成了多行,且进行了对齐处理;第 11~13 行输入语句里也进行了对齐处理,这都是好的编程习惯,因为这样的代码结构更清晰,更容易阅读。第 22 行用到了 5.1.2 节介绍的使用双序号访问二维元组元素的方法。

　　图 5-14(b)给出了两次运行程序,分别输入 1980 年 5 月 1 日和 2021 年 5 月 1 日的运行效果,因为前者是闰年,后者不是闰年,所以结果差了一天。

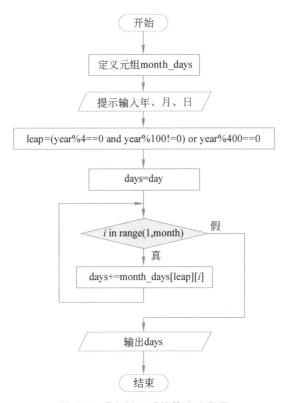

图 5-13 【实例 5-2】的算法流程图

```
1  #元组应用二，输出对应日期过去的天数
2
3  #使用二维元组存每个月份的天数
4  #第一行对应不闰年，第二行对应闰年
5  month_days=(
6      (0, 31, 28, 31, 30, 31, 30, 31, 31, 30, 31, 30, 31),
7      (0, 31, 29, 31, 30, 31, 30, 31, 31, 30, 31, 30, 31)
8      )
9
10 #输入年、月、日
11 year  = eval(input("\n请输入年：  "))
12 month = eval(input("\n请输入月：  "))
13 day   = eval(input("\n请输入日：  "))
14
15 days=day #把非整月的天数存到days中
16
17 #判闰年
18 leap=(year%4==0 and year%100!=0) or year%400==0
19
20 #遍历循环结构，统计天数
21 for i in range(1, month):
22     days+=month_days[leap][i]
23
24 #输出结果
25 print("\n已经过去了{}天\n".format(days))
26
```

(a) 程序代码

```
请输入年：  1980
请输入月：  5
请输入日：  1
已经过去了122天
>>>
```

```
请输入年：  2021
请输入月：  5
请输入日：  1
已经过去了121天
>>> |
```

(b) 运行效果

图 5-14 【实例 5-2】的程序代码及运行效果

扫一扫

 列表及其应用

5.2.1 列表概述

1. 列表的含义

列表是使用一对方括号括起来的 0 个或多个数据元素的序列。如[]、[1,2,3]、["a"、"b"、"c"]都是列表。

对列表有以下 3 点说明。

(1) 列表中的数据元素可以是包括列表在内的任意数据类型。

(2) 列表中元素的个数叫作列表的长度。

(3) 含有 0 个元素的列表(一对空的方括号)叫作空列表。

2. 定义列表

定义列表的一般格式如下。

变量名 = 列表

在 IDLE 命令交互方式下定义列表的程序示例如图 5-15 所示。

```
File  Edit  Shell  Debug  Options  Window  Help
>>> #列表数据类型
>>>
>>> l1=[] #空列表
>>> l1
[]
>>> l2=[1] #含1个元素
>>> l2
[1]
>>> l3=[75,66,87] #含三个整数元素
>>> l3
[75, 66, 87]
>>> l4=[0.032,0.027,0.036] #含三个小数元素
>>> l4
[0.032, 0.027, 0.036]
>>> l5=["Python",3.5,[75,87,62]] #含三个不同类型元素
>>> l5
['Python', 3.5, [75, 87, 62]]
>>> |
```

图 5-15　定义列表程序示例

在该程序中,第 1 个变量定义了空列表 $l1$。第 2 个变量定义了只有一个整数元素的列表 $l2$。请注意,和元组不同,当列表只有一个元素时,元素后面不需要写逗号。第 3 个变量定义了含 3 个整数元素的列表 $l3$,存了 3 科考试成绩。第 4 个变量定义了含 3 个浮点数元素的列表 $l4$,存了 3 个季度的 GDP 增长率。最后一个变量定义了列表 $l5$,存了某学生选修的一门课程信息,包括课程名称、学分和 3 次考试成绩,3 个元素自左向右分别是字符串类型、浮点类型和列表类型。

3. 一维和多维列表

可以通过方括号的层数来确定列表的维数。只含一层方括号的列表叫作一维列表。含

有两层方括号的列表叫作二维列表。同样的道理,含有三层方括号的列表叫作三维列表、含有四层方括号的列表叫作四维列表……依此类推。

如:

[1,2,3]是一维列表。

[1,2,[3]]是二维列表。

[1,2,[3,[4]]]是三维列表。

二维以及二维以上的列表叫作多维列表。

5.2.2 列表处理

1. 访问元素

和字符串、元组一样,列表中的元素也是使用序号来表示其在序列中的位置,且同样拥有非负序号和负序号两种格式。

一维列表 $l1=[1,2,3]$ 中元素的序号如图 5-16 所示。其中,非负序号自左向右为 0~2,负序号自左向右为 -3~-1。

对于多维列表来说,每一层方括号中的元素都采用相同的方法确定序号。二维列表 $l2=[1,[2,3]]$ 中元素的序号如图 5-17 所示。其中,第一层方括号中的元素 1 和[2,3],其非负序号自左向右是 0~1,负序号自左向右是 -2~-1。第二层方括号中的元素 2 和 3,非负序号自左向右也是 0~1,负序号自左向右也是 -2~-1。

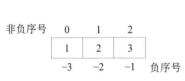

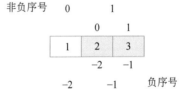

图 5-16 一维列表中元素的序号   图 5-17 二维列表中元素的序号

和访问元组中元素的方法一样,可以通过序号来访问列表中的元素。访问的一般格式如下。

列表变量名[序号]

对于一维列表 $l1=[1,2,3]$ 来说,$l1[1]$ 和 $l1[-2]$ 访问的都是左边第 2 个元素 2。对于二维列表 $l2=[1,[2,3]]$ 来说,$l2[1]$ 和 $l2[-1]$ 访问的都是左边第 2 个元素[2,3],它是一个一维列表。如果要访问多维列表里面的元素,就要使用以下格式。

列表变量名[序号 1][序号 2]…[序号 n]

其中,序号 1、序号 2、……、序号 n 分别用来表示该元素所处的第 1 层、第 2 层、……、第 n 层方括号里的序号。很显然,访问的元素处于第几层方括号里,就要带几个序号。

对于二维列表 $l2=[1,[2,3]]$ 来说,如果要访问元素 2,就要带 2 个序号,可以使用 $l2[1][0]$、$l2[1][-2]$、$l2[-1][0]$、$l2[-1][-2]$ 表示。

2. 列表切片

和字符串、元组一样,列表也可以进行切片操作,操作方式和注意事项与字符串、元组切片完全一样。

三者之间的不同如下。

(1) 字符串切片的结果是字符串类型。

(2) 元组切片的结果是元组类型。

(3) 列表切片的结果是列表类型。

在 IDLE 命令交互方式下对列表进行切片的程序示例如图 5-18 所示。可以对照图 5-18(b)所示的存储情况加以理解。

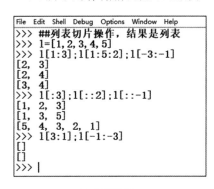

(a) 程序代码　　　　　　　　　　　　　(b) 存储结构

图 5-18　列表切片的程序示例

3. 列表运算

在 Python 里,用于列表的运算符和字符串、元组相同,如表 5-5 所示。

表 5-5　列表的运算符和表达式

运 算 符	实 施 运 算	表 达 式
+	合并运算	$l1+l2$
*	复制运算	$l * n$
in	包含运算	$l1 \text{ in } l$

其中,合并运算(+)用来将运算符右边列表中的元素按原有顺序合并到左边列表最后一个列表后面,生成一个新的列表。复制运算(*)用来生成原列表的若干个副本,并依次合并成一个新列表。包含运算(in)用来判断一个对象是否是列表的元素。

在 IDLE 命令交互方式下列表运算的程序示例如图 5-19 所示。

在上面的程序中,先定义了含 3 个整数 1、2、3 的列表 $l1$ 和含三个字符串"a""b""c"的列表 $l2$,之后进行 $l1+l2$ 运算,结果是生成了含 6 个元素的列表[1,2,3,"a","b","c"]。之后进行 $l1 * 3$ 运算,结果是将 $l1$ 复制了 3 次,并依次合并成了一个含 9 个元素的列表[1,2,3,1,2,3,1,2,3]。之后判断[1,2]是否为 $l1$ 的元素,结果是 False。最后判断[1,2]是否为列表[[1,2],[2,3]]的元素,结果为 True。

```
File Edit Shell Debug Options Window Help
>>> ##列表运算
>>> l1=[1,2,3];l2=["a","b","c"]
>>> l1+l2
[1, 2, 3, 'a', 'b', 'c']
>>> l1*3
[1, 2, 3, 1, 2, 3, 1, 2, 3]
>>> [1,2] in l1
False
>>> [1,2] in [[1,2],[2,3]]
True
>>> |
```

图 5-19 列表运算的程序示例

4. 常用函数与方法

和元组类似,Python 提供了 4 个用于列表处理的内置函数,如表 5-6 所示。

表 5-6 内置列表处理函数

函　　数	功　　能
len(l)	求列表 l 的长度,即元素个数
max(l)	求列表 l 中元素的最大值
min(l)	求列表 l 中元素的最小值
list(seq)	将 seq 转换为列表类型

在 IDLE 命令交互方式下使用几个函数的程序示例如图 5-20 所示。

```
File Edit Shell Debug Options Window Help
>>> ##列表处理函数
>>> s="abc"
>>> l1=[1,2,5,2,4]
>>> l2=["ba","ab","oo"]
>>> l3=[1j,2j,3j]
>>> len(l1)
4
>>> max(l1)
5.2
>>> min(l2)
'ab'
>>> max(l3)
Traceback (most recent call last):
  File "<pyshell#19>", line 1, in <module>
    max(l3)
TypeError: '>' not supported between instances of 'complex' and 'complex'
>>> list(s)
['a', 'b', 'c']
>>> |
```

图 5-20 列表处理函数程序示例

在这个程序中,先定义了一个字符串变量 s、3 个列表变量 $l1$、$l2$、$l3$。$l1$、$l2$、$l3$ 分别含有 4 个数值型元素、3 个字符串元素和 3 个复数元素。之后执行 len($l1$),求 $l1$ 的长度,结果是 4。执行 max($l1$),求 $l1$ 的最大值,结果是 5.2。执行 min($l2$),求 $l2$ 的最小值,结果是"ab"。执行 max($l3$),求 $l3$ 的最大值,程序运行出错,因为复数无法比较大小。最后执行 list(s),把字符串"abc"转换成了列表["a"、"b"、"c"]。

除了内置函数,Python 还提供了丰富的列表处理方法。10 个常用的列表处理方法如

表 5-7 所示。

表 5-7　10 个常用的列表处理方法

方　　法	功　　能
append(x)	在列表的末尾添加一个值为 x 的元素
clear()	把列表清空
count(x)	求值为 x 的元素个数
copy()	生成列表的副本
index(x)	求值为 x 的元素序号
insert(i,x)	在 i 的位置插入 x
pop(i)	取出位置 i 的元素值并删除
remove(x)	删除值为 x 的第一个元素
reverse(x)	将列表中的元素顺序倒置
sort(reverse＝True)	列表元素降序排列

在 IDLE 命令交互方式下使用上述方法的程序示例如图 5-21 所示。

```
File  Edit  Shell  Debug  Options  Window  Help
>>> ##使用列表的处理方法
>>> l1=[1, 2, 4, 3, 5]    #定义列表l1
>>> l1. append(10)        #末尾添加元素
>>> l1
[1,  2,  4,  3,  5,  10]
>>> l1. insert(2, 10)     #在序号2位置插入元素10
>>> l1
[1,  2,  10,  4,  3,  5,  10]
>>> l2=l1. copy()         #生成l1的副本l2
>>> l2
[1,  2,  10,  4,  3,  5,  10]
>>> l1. count(10)         #统计值为10的元素
2
>>> l1. index(10)         #求值为10的元素首次出现的序号
2
>>> l2. remove(10)        #删除值为10的第一个元素
>>> l2
[1,  2,  4,  3,  5,  10]
>>> l2. pop(0)            #提取序号为0的元素值并删除该元素
1
>>> l2
[2,  4,  3,  5,  10]
>>> l2. sort(reverse=True)    #对l2降序排列
>>> l2
[10,  5,  4,  3,  2]
>>> l2. sort(reverse=False)   #对l2升序排列
>>> l2
[2,  3,  4,  5,  10]
>>> l2. clear()               #清空l2
>>> l2
[]
>>> l1. sort()
>>> l1
[1,  2,  3,  4,  5,  10,  10]
```

图 5-21　列表处理方法程序示例

在这个程序中,首先定义了一个含 5 个元素的列表 $l1$。之后调用 append 方法,在其末尾添加了值为 10 的元素。之后调用 insert 方法,在其序号为 2 的位置插入了一个值为 10 的元素。之后分别调用 count 方法、index 方法,统计了其值为 10 的元素个数和首次出现的序号,结果都是 2。之后调用 copy 方法生成了 *l1* 的副本,赋值给了变量 *l2*。之后调用 remove 方法删除了 *l2* 中值为 10 的第一个元素。之后调用 pop 方法提取了 *l2* 中左边第一个元素的值,并把它删除。之后连续调用 sort 方法 2 次,对 *l2* 中的元素分别按降序和升序进行了排序。之后调用 clear 方法清空了 *l2* 中的元素。最后调用 sort 方法,对 *l1* 中的元素进行了排序,从输出结果可以看出,sort 方法省略参数时是按升序排列的。

5. 列表的特性

和元组截然不同,列表是一种可变数据类型。列表被定义后,不仅可以修改其元素的值,而且还可以删除元素、添加新元素。列表的这一特点为处理日常中的很多问题提供了技术支持。

5.2.3　2 个程序设计实例

扫一扫

1. 求平均值输出

【实例 5-3】　编程实现,输入若干个用逗号隔开的整数,输出这些整数及它们的平均值。要求可以对输入的数据进行修改,结果保留两位小数。

经过分析,因为一次要存储多个整数,而且可以对数据进行修改,所以可以使用一维列表实现。实现时,可以先把录入的多个用逗号隔开的整数存到一维元组里,之后把它转换成列表,然后对列表遍历求和,最后除以元素个数,就可以求出平均值。

基于上面的分析,确定了程序的数据结构,需要 3 个变量,如表 5-8 所示。

表 5-8　【实例 5-3】数据结构信息

变 量 名	数 据 类 型	作　用
datas	tuple	存输入的数据
d	int	遍历列表
average	float	求平均值

程序的算法流程图如图 5-22 所示。

程序的完整代码与运行效果如图 5-23 所示。

在该程序中,第 4 行是输入数据的语句。这里请注意,Python 里规定,在把 input 函数接收的数值型数据赋给变量时,若输入的数据是使用逗号隔开的多个数据,系统会把这些数据默认为元组类型的元素进行处理,所以这里的 datas 是一个元组,它存了用户输入的多个数据。第 6 行是把 datas 转换成了列表类型又存到了 datas 中,这里用到了 2.2.4 节介绍的变量可变性的知识,请注意体会变量的可变性给程序设计带来的方便。第 13~15 行是遍历循环结构,实现求和并输出每一个数据。第 18 行输出了平均值。

2. 生成随机题号

【实例 5-4】　编程实现,生成并输出 *n* 个不重复的 1~1000 的随机整数,作为某考试系统抽取题目的题号。要求 *n* 由人工输入,范围为 20~50,生成的题号可以进行手动修改。

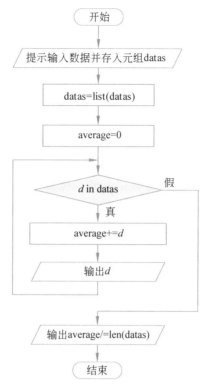

图 5-22 【实例 5-3】的算法流程图

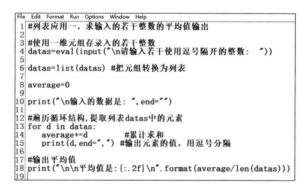

```
File  Edit  Format  Run  Options  Window  Help
1 #列表应用一，求输入的若干整数的平均值输出
2
3 #使用一维元组录入的若干整数
4 datas=eval(input("\n请输入若干使用逗号隔开的整数：  "))
5
6 datas=list(datas) #把元组转换为列表
7
8 average=0
9
10 print("\n输入的数据是：",end="")
11
12 #遍历循环结构，提取列表datas中的元素
13 for d in datas:
14     average+=d            #累计求和
15     print(d, end=",")  #输出元素的值，用逗号分隔
16
17 #输出平均值
18 print("\n\n平均值是：{:.2f}\n".format(average/len(datas)))
19
```

(a) 程序代码

```
请输入若干使用逗号隔开的整数：  1,3,7,19,-5,987

输入的数据是：1,3,7,19,-5,987,

平均值是：168.67

>>>
```

(b) 运行效果

图 5-23 【实例 5-3】的程序代码和运行效果

经过分析，因为要一次要生成 n 个随机整数，而且可以对数据进行修改，所以可以使用一维列表实现。实现时，先生成一个空列表，然后进入无限循环，调用 randint 函数生成一个 $1\sim1000$ 的整数。如果列表中没有这个值，就把它追加到列表里，这样反复进行，当列表里的元素个数为 n 时就结束循环，输出生成的题号。

该程序的数据结构包括 4 个变量，如表 5-9 所示。

表 5-9 【实例 5-4】数据结构信息

变 量 名	数 据 类 型	作 用
ths	list	存生成的 n 个随机题号
n	int	存输入的题号个数
i	int	控制循环,生成 n 个题号
th	int	控制循环,遍历 n 个题号

该程序的算法流程图如图 5-24 所示。

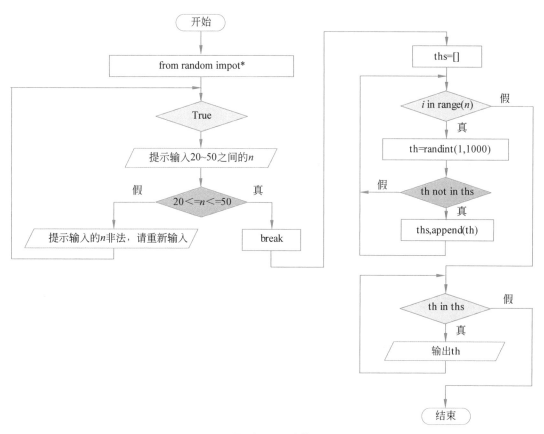

图 5-24 【实例 5-4】的算法流程图

程序的代码及运行效果如图 5-25 所示。图 5-25(b)是单独运行程序两次的运行效果截图。

该程序中用到了 4.3.3 节介绍过的使用 random 模块生成随机数的知识。第 3 行是引入 random 模块的语句。第 6~12 行是一个条件为常量(True)的 while 死循环,对输入 n 的合理性做出处理。第 10 行是 break 语句,用来控制当输入的 n 符合条件时就退出循环。第 14 行是创建空列表的语句。第 17~23 行是一个带 else 子句的遍历 for 循环结构,用来控制生成 n 个不重复的随机题号,else 子句是结束循环时要执行的部分,输出一条"n 个题号已经生成"的信息。第 22 行通过列表的 append 方法,把 th 添加到了列表中。第 26~27 行是一个不带 else 的遍历 for 循环结构,控制输出了生成的 n 个题号。

```
File Edit Format Run Options Window Help
1  #列表应用二，随机生成n个不重复的1-1000的整数题号并输出
2
3  from random import *  #引入random模块
4
5  #无限循环结构
6  while True:
7      n=eval(input("\n请输入20～50的题目数：  "))
8      #单路分支
9      if 20<=n<=50:
10         break
11     else:
12         print("\n{}不是20～50的数，请重新输入".format(n))
13
14 ths=[]  #创建空列表
15
16 #遍历循环控制生成n个题号
17 for i in range(n):
18     th=randint(1,1000)    #生成1～1000的随机数
19     #单路分支
20     if th not in ths:
21         ths.append(th)    #追加到列表中
22 else:
23     print("\n{}个题号已经生成:\n".format(n))
24
25 #输出生成的题号
26 for th in ths:
27     print(th,end="  ")
```

(a) 程序代码

```
请输入20～50的题目数：  15

15不是20～50的数，请重新输入

请输入20～50的题目数：  25

25个题号已经生成：

510   248   186   836   690   114   803
 302   188   571    46   147   930   184
 645   163   826   598     5   734   401
543   839   404    61
>>>
```

```
请输入20～50的题目数：  30

30个题号已经生成：

543    17   422   214   165    82   190   630
819    26   697   177   185   875   596   283
449   775   897   231   361   577   611    11
996    51    23   570   850   773
>>> |
```

(b) 两次运行效果

图 5-25　【实例 5-4】的程序代码和运行效果

扫一扫

5.3　字典及其应用

5.3.1　字典概述

1. 字典的含义

之前介绍的字符串、元组、列表都是序列类型。这一类型的共同特点是可以通过序号访问元素以及进行切片操作。字典不是序列，它是一种映射数据类型。字典用来存储具有关联关系的两组数据，一组是关键数据，被称作键（key），另一组通过键来访问，被称作值（value）。

键与值之间的映射关系如图 5-26 所示。

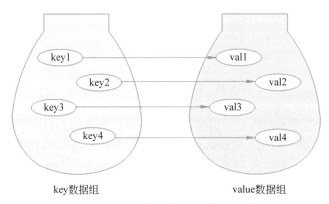

图 5-26　键与值之间的映射关系简图

字典是由一对花括号括起来的 0 个或多个键值对组成的集合。字典中的键值对是由冒号把键和值连接到一起构成的。如{}、{1:1}、{"A":15,"B":20}都是字典。

对字典有以下 2 点说明。

（1）键值对的个数叫作字典长度。

（2）长度为零的字典叫作空字典，它是一对空的花括号。

2. 定义字典

定义字典的一般格式如下。

变量名 = 字典

在 IDLE 命令交互方式下定义字典的程序示例如图 5-27 所示。在该程序中，第 1 个变量定义了一个空字典 $d1$。第 2 个变量定义了字典 $d2$，存了一门课程的学分信息，它的键是字符串类型，值是浮点数。第 3 个变量定义了字典 $d3$，存了某高校第 1 学期的开课信息，它的键是整数，值是列表。第 4 个变量定义了字典 $d4$，存了整数与其对应的绝对值信息，它的键是元组类型，值是整数。第 5 个变量定义了字典 $d5$，存了计算机专业所含 3 个班级的人数信息，它的键是字符串类型，它的值是字典类型。

```
File  Edit  Shell  Debug  Options  Window  Help
>>> #字典定义几个例子
>>>
>>> d1={}   #空字典
>>> d1
{}
>>> d2={"Python":3.5}   #键是字符串
>>> d2
{'Python': 3.5}
>>> d3={1:["高数","英语","Python"]}   #键是整数
>>> d3
{1: ['高数', '英语', 'Python']}
>>> d4={(1,-1):1}   #键是元组
>>> d4
{(1, -1): 1}
>>> d5={"计算机":{1:28,2:31,3:29}}   #含字典的字典
>>> d5
{'计算机': {1: 28, 2: 31, 3: 29}}
>>>
```

图 5-27 定义字典程序示例

定义字典时需要注意以下两点。

（1）键必须是不可变的数据类型，而且是唯一的。

（2）键值对中的值可以是包括字典在内的任意数据类型。

在 Python 中，不可变的数据类型包括原子类型、字符串和元组。如果字典中出现多个键相同的键值对，系统默认只保留最后一个。

键的不可变性与唯一性的程序示例如图 5-28 所示。

```
File  Edit  Shell  Debug  Options  Window  Help
>>> #键的不可变性与唯一性
>>>
>>> d1={[1,2]:"Python"}
Traceback (most recent call last):
  File "<pyshell#2>", line 1, in <module>
    d1={[1,2]:"Python"}
TypeError: unhashable type: 'list'
>>>
>>> d2={"数学":75,"语文":82,"数学":66}
>>> d2
{'数学': 66, '语文': 82}
>>>
```

图 5-28 键的不可变性与唯一性的程序示例

在这个程序中,定义 $d1$ 时,因为键使用了可变类型列表,所以执行时出错。定义 $d2$ 时,里面包含了两组键都是"数学"的数据,从运行结果可以看出,系统只保留了最后一组数据。

5.3.2 字典处理

1. 获取数据

定义字典后,可以通过以下格式获取键对应的值。

字典变量名[键名称]

需要注意的是,如果指定的键不存在,就会引发程序错误。

2. 修改和添加数据

定义字典后,可以通过以下格式添加和修改数据。

字典变量名[键名称] = 值

如果指定的键存在,就用新值替换旧值,否则就把该键值对添加到字典中。

3. 删除数据

使用 del 命令可以删除字典中的数据。格式如下。

del 字典变量名[键名称]

需要注意的是,如果指定的键不存在,就会引发程序错误。

在 IDLE 命令交互方式下对字典进行处理的程序示例如图 5-29 所示。

```
File  Edit  Shell  Debug  Options  Window  Help
>>> #字典操作示例
>>>
>>> d={"语文":75,"数学":82} #定义字典
>>> d
{'语文': 75, '数学': 82}
>>> x=d["数学"]  #取值操作,键存在
>>> x
82
>>> x=d["英语"]   #取值操作,键不存在
Traceback (most recent call last):
  File "<pyshell#24>", line 1, in <module>
    x=d["英语"]   #取值操作,键不存在
KeyError: '英语'
>>> d["语文"]=100  #键存在时修改数据
>>> d
{'语文': 100, '数学': 82}
>>> d["英语"]=80  #键不存在时追加数据
>>> d
{'语文': 100, '数学': 82, '英语': 80}
>>> del d["英语"]  #删除数据
>>> d
{'语文': 100, '数学': 82}
>>> |
```

图 5-29　对字典进行处理的程序示例

在这个程序中,先定义了含两个键值对的字典 d ,存了两门课程的成绩。之后取出并输出了"数学"成绩。之后,取键为"英语"的成绩,因为该键不存在,所以程序运行出错。之后

把"语文"成绩修改成了 100。之后把"英语"及成绩 80 添加到字典 d 中。最后使用 del 命令删除了"英语"及其对应的成绩。

4. 字典运算

字典作为映射数据类型，可以实施的运算主要是包含运算(in)。若 d 是字典，那么 k in d 的作用是判断 k 是否为字典 d 的键。在图 5-30 所示的程序示例中，通过遍历条件 k in d 控制输出了字典 d 中的所有键和值。

```
File  Edit  Format  Run  Options  Window  Help
1  #in运算符
2
3  d={"语文":87,"数学":78,"英语":91}
4
5  #for遍历循环
6  for k in d:
7      print(k,d[k],sep=":")
8  |
```

```
语文:87
数学:78
英语:91
>>>
```

图 5-30　字典 in 运算程序示例

5. 常用处理函数与方法

和元组列表类似，字典有 4 个常用处理函数，如表 5-10 所示。

表 5-10　4 个常用字典处理函数

函　　数	功　　能
len(d)	求字典 d 中键值对个数
max(d)	求字典 d 中键的最大值
min(d)	求字典 d 中键的最小值
dict(x)	将 x 转换为字典类型

在 IDLE 命令交互方式下使用字典处理函数的程序示例如图 5-31 所示。

```
File  Edit  Shell  Debug  Options  Window  Help
>>>  #字典内置处理函数
>>>
>>>  d={"语文":76,"数学":87,"英语":72}
>>>
>>>  len(d);max(d);min(d)
3
'语文'
'数学'
>>>
>>>  t=(("book1",75.5),("book2",56.5),("book3",60))
>>>  d1=dict(t)
>>>  d1
{'book1': 75.5, 'book2': 56.5, 'book3': 60}
>>>
```

图 5-31　使用字典处理函数的程序示例

在这个程序中，首先定义了含 3 个键值对的字典 d，存了 3 门课程及成绩。之后分别调用 len、max、min 函数求出了 d 中键值对的个数、键的最大值、键的最小值，结果分别是 3、"语文"和"数学"。之后定义了一个二维元组 t，存了三本书的名字及单价，最后通过 dict 函数把 t 转换成了字典类型 $d1$。

用于字典处理的方法主要有 8 个,如表 5-11 所示。

表 5-11   8 个常用字典处理方法

方　法	功　能
clear()	把字典清空
copy()	复制字典
keys()	返回 d 中所有键的信息
values()	返回 d 中所有值的信息
items()	返回 d 中所有键值对信息
get(k, default)	k 若存在,则返回相应值,不存在,则返回 default 指定的值
pop(k, efault)	k 若存在,则取出相应值,并删除键值对,否则返回 default 值
popitem()	随机从 d 中取出一个键值对,以元组形式返回,并删除键值对

在 IDLE 命令交互方式下使用几个方法的程序示例如图 5-32 所示。其中,图 5-32(a)、图 5-32(b)分别是前 5 个和后 3 个方法的使用情况。

```
File Edit Shell Debug Options Window Help
>>> #处理字典的方法
>>>
>>> d1={"name":"Alice","age":18}
>>> d2={"语文":76,"数学":80,"英语":68}
>>>
>>> d3=d1.copy()
>>> d3
{'name': 'Alice', 'age': 18}
>>> d3.clear()
>>> d3
{}
>>> x=d1.keys()
>>> x
dict_keys(['name', 'age'])
>>> y=d1.values()
>>> y
dict_values(['Alice', 18])
>>> z=d1.items()
>>> z
dict_items([('name', 'Alice'), ('age', 18)])
>>> type(x)
<class 'dict_keys'>
>>> type(y);type(z)
<class 'dict_values'>
<class 'dict_items'>
>>>
```

```
File Edit Shell Debug Options Window Help
>>> #处理字典的方法
>>>
>>> d1={"name":"Alice","age":18}
>>> d2={"语文":76,"数学":80,"英语":68}
>>>
>>> x=d2.get("数学")  #键存在
>>> x
80
>>> x=d2.get("计算机")#键不存在
>>> x
>>> print(x)
None
>>> x=d2.get("计算机",90) #键不存在,指定了值
>>> x
90
>>> x=d2.popitem()
>>> x
('英语', 68)
>>> d2
{'语文': 76, '数学': 80}
>>> x = d2.pop("数学")
>>> x
80
>>> d2
{'语文': 76}
>>>
```

(a) 前5个方法使用情况　　　　　　　　　　(b) 后3个方法使用情况

图 5-32   使用字典处理方法的程序示例

在图 5-32(a)所示的程序中,首先定义了字典 $d1$、$d2$,分别存储了一个人的名字、年龄和三门课程及成绩。之后调用 copy 方法生成了 $d1$ 的副本,并赋值给了 $d3$,之后调用 clear 方法把 $d3$ 清空。之后连续调用 keys、values、items 方法获取了 $d1$ 的键、值、键值对数据,并分别赋值给了 x、y、z。最后连续调用 type 函数,输出了 x、y、z 的数据类型,结果分别是 dict_keys、dict_values 和 dict_items。

在图 5-32(b)所示的程序中,前面的定义语句和图 5-32(a)中完全一样,之后连续调用 get 方法 3 次,第 1 次获取 $d2$ 中的"数学"成绩,存到了 x 中,结果是 80。第 2 次获取 $d2$ 中的"计算机"成绩,存到了 x 中,因为不存在"计算机"的键,所以结果是空值——None。第 3

次获取 $d2$ 中的"计算机"成绩,存到了 x 中,"计算机"后面跟了一个参数 90,所以结果是 90。之后连续调用两次 pop 方法,把结果存到 x 中,第 1 次没有参数,所以随机选取了一个键值对,赋给 x 后,删除了该键值对。第 2 次指定了键为"数学",所以选取了"数学"成绩 80;赋给 x 后删除了该键值对。

6. 字典的特性

与字符串、元组、列表不同,字典是一种无序数据类型,没有序号的概念,只能通过键来访问和处理数据。字典是可变数据类型,不仅可以通过键修改数据,还可以增加新数据,删除其原有的数据。

5.3.3 2个程序设计实例

1. 抛硬币问题

【实例 5-5】 抛硬币只能有"正面朝上"或"反面朝上"两个结果,可以分别使用 1 和 0 来表示。编程实现,让系统模拟 50 次抛掷硬币的过程,并记录每次抛掷的结果,统计并输出"正面朝上"与"反面朝上"的次数和使用百分比表示的概率,小数点后保留 1 位精度。

经过分析,程序实现的核心问题一个是模拟 50 次抛币的过程,另一个是实现每次抛币结果的统计。

(1)模拟 50 次抛币过程。

先定义一个空列表 all 和一个含两个整数元素的列表 t。t 中两个元素的序号 0、1 正好与抛硬币的两种结果"反面朝上"、"正面朝上"相对应。

一维列表 t 与抛币结果之间的对应关系如图 5-33 所示。

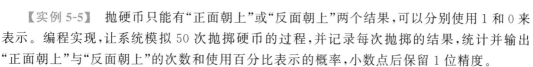

图 5-33 一维列表 t 与抛币结果之间的对应关系

t 中两个元素的值开始时均设置为 0,表示投币开始前的状态,接下来让系统产生一个 0 或 1 的随机整数,产生哪个数就将 t 中以该数为序号的元素的值修改为 1。这样,t 的状态若为 $[0,1]$,就表示抛币的结果是"正面朝上",t 的状态若为 $[1,0]$,就表示抛币的结果是"反面朝上",然后把 t 添加到 all 中。

上述过程重复 50 次,即可完成投币过程,all 记录了所有投币的结果。很显然,all 是一个二维列表。

二维列表 all 的存储结构简图如图 5-34 所示。

图 5-34 二维列表 all 的存储结构简图

（2）统计抛币结果。

先定义一个含两个键值对的字典 result，两个键分别是"反面朝上"和"正面朝上"，它们的初始值都为 0。

遍历列表 all 中的每一个元素（一个含两个元素的一维列表，对应一次抛币的结果）。在取出的元素中，若序号为 0 的元素的值为 1，就令键为"反面朝上"的值增加 1，若序号为 1 的元素的值为 1，就令键为"正面朝上"的值增加 1，这样问题就解决了。视频 5.3.2 演示了统计过程的实现情况。

由上述分析得出了程序的数据结构，包含了 4 个变量，如表 5-12 所示。

表 5-12 【实例 5-5】数据结构信息

变 量 名	数 据 类 型	作　　用
result	dict	存抛币统计结果
all	list	存 50 次抛币结果
t	list	存某次抛币结果和遍历 all
i	int	控制 50 次抛币过程

程序的算法流程图如图 5-35 所示。

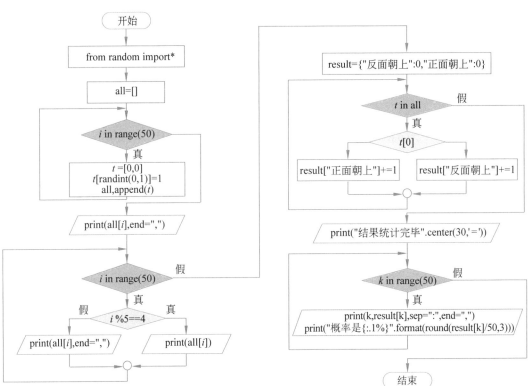

图 5-35　【实例 5-5】的算法流程图

程序的完整代码和运行效果如图 5-36 所示。

```
5-5.py - C:\Users\Dell\Desktop\5-5.py (3.8.9)
File Edit Format Run Options Window Help
1  #字典应用一,抛硬币50次,统计出现正面,反面朝上的次数
2
3  from random import * #引入random模块
4
5  all=[]  #定义列表存50次结果
6
7  #遍历生成50次抛币的结果
8  for i in range(50):
9      t=[0,0] #抛之前结果均为0
10     t[randint(0,1)]=1
11     all.append(t)
12 else:
13     print("50次抛币结果如下".center(30,'='))
14
15 #输出投币结果,每行5次
16 for i in range(50):
17     if i%5==4:
18         print(all[i])
19     else:
20         print(all[i],end=",")
21
22
23 result={"反面朝上":0,"正面朝上":0} #定义字典
24
25 #遍历列表all实现统计
26 for t in all:
27     if t[0]:
28         result["反面朝上"]+=1
29     else:
30         result["正面朝上"]+=1
31 else:
32     print("结果统计完毕".center(30,'='))
33
34 #遍历字典, 输出结果
35 for k in result:
36     print(k,result[k],sep=":",end=",")
37     print("概率是{:.1%}".format(round(result[k]/50,3)))
38
```

(a) 程序代码

```
==========50次抛币结果如下===========
[0, 1],[0, 1],[0, 1],[1, 0],[1, 0]
[1, 0],[1, 0],[0, 1],[1, 0],[1, 0]
[0, 1],[1, 0],[0, 1],[1, 0],[1, 0]
[0, 1],[1, 0],[1, 0],[0, 1],[0, 1]
[0, 1],[0, 1],[0, 1],[1, 0],[1, 0]
[1, 0],[1, 0],[1, 0],[0, 1],[1, 0]
[0, 1],[1, 0],[0, 1],[0, 1],[0, 1]
[0, 1],[0, 1],[0, 1],[1, 0],[0, 1]
[1, 0],[0, 1],[0, 1],[0, 1],[0, 1]
[1, 0],[1, 0],[0, 1],[0, 1],[0, 1]
============结果统计完毕============
反面朝上:22,概率是44.0%
正面朝上:28,概率是56.0%
>>> |
```

```
==========50次抛币结果如下===========
[0, 1],[0, 1],[0, 1],[0, 1],[1, 0]
[0, 1],[0, 1],[1, 0],[0, 1],[1, 0]
[1, 0],[1, 0],[0, 1],[0, 1],[0, 1]
[1, 0],[1, 0],[0, 1],[0, 1],[1, 0]
[0, 1],[0, 1],[0, 1],[0, 1],[0, 1]
[1, 0],[0, 1],[0, 1],[1, 0],[1, 0]
[1, 0],[0, 1],[0, 1],[0, 1],[1, 0]
[0, 1],[0, 1],[0, 1],[0, 1],[1, 0]
[0, 1],[1, 0],[1, 0],[1, 0],[0, 1]
[0, 1],[1, 0],[0, 1],[1, 0],[0, 1]
============结果统计完毕============
反面朝上:19,概率是38.0%
正面朝上:31,概率是62.0%
>>> |
```

(b) 运行效果

图 5-36 【实例 5-5】的程序代码和运行效果

在该程序中,第 8～13 行是一个带 else 子句的 for 循环结构,用于控制生成 50 次投币结果。第 16～20 行是一个不带 else 子句的 for 循环结构,用于控制按每行 5 次输出 50 次投币的结果。第 23 行定义了字典 result。第 26～32 行又是一个带 else 子句的 for 循环结构,用于控制统计投币的结果。第 35～37 行是一个不带 else 子句的 for 循环结构,用于控制输出投币的统计结果。

2. 课程信息查询

【实例 5-6】 查询课程信息。

假设字典 courses 里存储了若干课程的信息,每条信息由课程编号、课程名称和学分 3

项组成。课程编号是键,另外两项是用列表存储的值。要求编程实现按照指定格式输出所有课程信息,并可以实现按输入的课程编号查询和输出课程信息。

经过分析,为了满足设计要求,方便用户操作,程序中采用菜单列表的方式实现,提供了显示所有课程、按课程号查询和退出 3 个功能项。

依据上述思路确定了程序的数据结构,需要 5 个变量,如表 5-13 所示。

表 5-13　【实例 5-6】数据结构信息

变　量　名	数据类型	作　　用
courses	dict	存课程信息
menu	string	存菜单信息
item	int	存用户输入的菜单选项的编号
kch	int	存输入的课程号
k	int	用于遍历字典

程序算法流程图如图 5-37 所示。

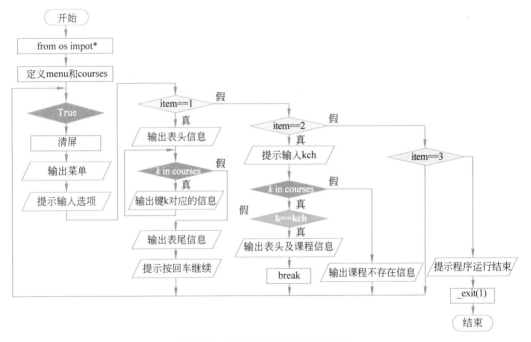

图 5-37　【实例 5-6】的算法流程图

程序的完整代码如图 5-38 所示。在该程序里,第 5～12 行定义了变量 menu 存储了一个多行菜单信息的字符串。第 14～19 行定义了字典 courses 存储了课程信息,该语句内部直接写成了多行的形式,这是允许的。第 22 行一直到程序结束是一个 while 死循环,也是本程序实现功能的主体部分。第 23 行是调用 os 模块的 system 函数实现清屏。3.2.4 节介绍过,要实现清屏,不能在 IDLE 环境下运行程序,必须采用双击程序图标的方式运行。第 26～54 行是一个 if-elif-else 三路分支结构。第 28～36 行是当选择第 1 项时执行的部分。第 31～33 行是一个遍历 for 循环,控制输出所有课程信息。第 36 行和第 50 行是调用

input 函数输出"按回车键继续…"的信息,2.5.1 节和 3.2.4 节中介绍过,由于该函数必须按回车键才能执行,就可以和第 53 行调用 system 一样暂停程序运行,从而解决闪屏问题。第 38～50 行是用户选择第 2 项时执行的代码。第 39～48 行是一个带 else 子句的 for 循环,用来实现查到课程信息就输出,没查到就显示指定编号的课程不存在的信息。第 40～46 行是一个单路分支,控制一旦查到了课程信息输出后就人为退出循环。第 52～54 行是用户选择第 3 项时执行的代码,通过调用 os 模块里的_exit 函数结束了整个程序。

```
File  Edit  Format  Run  Options  Window  Help
1  #字典应用二,课程信息浏览和查询
2
3  from os import *
4
5  menu = '''
6  ═══════════════系统主要功能═══════════════
7          1.浏览全部课程信息
8          2.按课程号查询
9          3.退出
10 ═══════════════════════════════════════
11
12         请选择:   '''
13
14 courses={12001:["Computer",3.5],
15         20100:["Maths",4],
16         15201:["English",4.5],
17         14302:["C Language",5],
18         11002:["Python",3]
19         } #定义字典存课程信息
20
21 #无限循环
22 while True:
23     system("cls")          #清屏
24     print(menu,end="")     #显示菜单
25     item = eval(input())   #输入选项
26     if item==1:
27         #输出全部课程信息
28         print()
29         print("全部课程信息如下".center(30,"="))
30         print("═══课程编号═══════课程名称═══════学分═")
31         for k in courses:
32             print("{:^12}{:<18}{:^6.1f}".\
33                 format(k,courses[k][0],courses[k][1]))
34         print("="*36)
35
36         input("\n按回车键继续…")  #可以克服闪屏
37     elif item==2:
38         kch=eval(input("    "*5+"请输入要查询的课程编号:  "))
39         for k in courses:
40             if k==kch:
41                 print()
42                 print("课程信息如下".center(30,"="))
43                 print("═══课程编号═══════课程名称═══════学分═")
44                 print("{:^12}{:<18}{:^6.1f}".\
45                     format(k,courses[k][0],courses[k][1]))
46                 break #结束循环
47         else:
48             print("\n编号为‘{}’的课程不存在".format(kch))
49
50         input("\n按回车键继续…")   #可以克服闪屏
51     else:
52         print("\n程序运行结束\n")
53         system("pause")         #可以解决闪屏
54         _exit(1)                #退出程序
55
```

图 5-38 【实例 5-6】的程序代码

本程序的运行情况,视频 5.3.2 里有详细演示。

5.4 集合及其应用

扫一扫

5.4.1 集合概述

1. 集合的含义

集合是使用一对花括号括起来的 0 个或多个无重复数据元素的无序集。如{1}、{"a",

"b"}都是集合。集合中的元素必须是不可变的类型。在 Python 中,不可变类型包括原子型、字符串和元组。

对集合有以下 2 点说明。

(1) 集合中元素的个数叫作集合的长度。

(2) 含有 0 个元素的集合叫作空集合。

2. 定义集合

定义集合的一般格式如下。

变量名 = 集合

在 IDLE 命令交互方式下定义集合的程序示例如图 5-39 所示。

```
File  Edit  Shell  Debug  Options  Window  Help
>>> #集合定义举例
>>> s1=set() #定义空集合
>>> s1
set()
>>> s2={1,1,2,3} #定义整数集合
>>> s2
{1, 2, 3}
>>> s3={4.5,2.5} #定义小数集合
>>> s3
{2.5, 4.5}
>>> s4={2,2.5,(2,3),"Python"} #定义混合类型集合
>>> s4
{(2, 3), 2, 2.5, 'Python'}
>>> s5={[1,2],2,3} #含可变类型
Traceback (most recent call last):
  File "<pyshell#27>", line 1, in <module>
    s5={[1,2],2,3} #含可变类型
TypeError: unhashable type: 'list'
>>> |
```

图 5-39　集合定义的程序示例

在该程序中,第 1 个变量定义了一个空集合 s1。这里请注意,定义空集合时必须使用 set 函数,不可以使用一对空的花括号,因为一对空的花括号定义的是空字典。第 2 个变量定义了一个整数集合 s2,可以看出 s2 中只保留了一个 1,说明了集合具有去重复元素的作用。第 3 个变量定义了一个浮点数集合 s3。第 4 个变量定义了混合类型数据的集合 s4,它的元素中既有整数,又有小数、元组和字符串。第 5 个变量在定义 s5 时,因其元素[1,2]为列表类型,是可变的,所以程序运行出错。

5.4.2　集合处理

1. 集合运算

在 Python 中,用于集合的运算主要有 5 种,如表 5-14 所示。

表 5-14　集合的运算符和表达式

运算符	实施运算	表达式	说　　明
in	包含	x in s	判断 x 是否是集合 s 的元素
&	交	$s1 \& s2$	结果为 $s1$ 与 $s2$ 共同元素组成的集合

运算符	实施运算	表达式	说　明
|	并	$s1\|s2$	结果为 $s1$ 与 $s2$ 所有元素组成的集合
—	差	$s1-s2$	结果为在 $s1$ 中但不在 $s2$ 中所有元素组成的集合
^	补	$s1{\wedge}s2$	结果为由 $s1$ 和 $s2$ 所有非共同元素组成的集合

若 A 和 B 是集合类型,那么后 4 种运算的逻辑关系简图如图 5-40 所示。其中阴影部分代表的是运算的结果集。

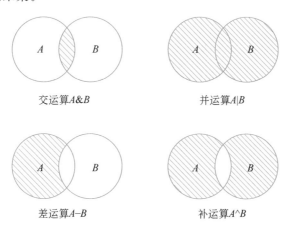

交运算A&B　　　　　　　　　　并运算$A|B$

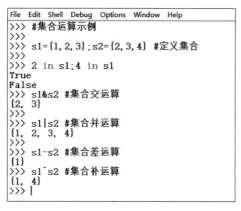

差运算$A-B$　　　　　　　　　　补运算$A{\wedge}B$

图 5-40　集合的交、并、差和补运算逻辑关系简图

在 IDLE 命令交互方式下对集合实施运算的示例如图 5-41 所示。

```
File Edit Shell Debug Options Window Help
>>> #集合运算示例
>>>
>>> s1={1,2,3};s2={2,3,4} #定义集合
>>>
>>> 2 in s1;4 in s1
True
False
>>> s1&s2 #集合交运算
{2, 3}
>>>
>>> s1|s2 #集合并运算
{1, 2, 3, 4}
>>>
>>> s1-s2 #集合差运算
{1}
>>> s1^s2 #集合补运算
{1, 4}
>>> |
```

图 5-41　集合运算的程序示例

在该程序中,首先定义了两个集合 $s1$ 和 $s2$。然后判断 2 和 4 是否为 $s1$ 的元素,结果分别为 True 和 False。之后执行 $s1$&$s2$,结果是 $s1$ 与 $s2$ 共同元素组成的集合{2,3}。之后执行 $s1|s2$,结果是 $s1$ 与 $s2$ 所有元素组成的集合{1,2,3,4}。之后执行 $s1-s2$,结果是在 $s1$ 中但不在 $s2$ 中所有元素组成的集合{1}。最后执行 $s1{\wedge}s2$,结果是由 $s1$ 和 $s2$ 所有非共同元素组成的集合{1,4}。

2. 常用处理函数与方法

集合的常用函数是 len,用于求集合中元素的个数。集合的常用处理方法有 3 个,如表 5-15 所示。

表 5-15   3 个集合处理方法

方 法	功 能
s.add(x)	把 x 添加到集合 s 中
s.clear()	把集合 s 清空
s.remove(x)	删除集合中值为 x 的元素,如果值为 x 的元素不存在,程序运行出错

在 IDLE 命令交互方式下使用集合处理函数与方法的程序示例如图 5-42 所示。

```
File  Edit  Shell  Debug  Options  Window  Help
>>> #集合处理函数与方法
>>>
>>> s1={1,2,3};s2={1,4}  #定义集合
>>> len(s1);len(s2)        #求集合长度
3
2
>>> s2.add(5)  #s2添加元素
>>> s2
{1, 4, 5}
>>> s2.remove(4)  #删除存在的元素
>>> s2
{1, 5}
>>> s2.clear()    #清空集合
>>> s2
set()
>>> s1.remove(4)  #删除的元素不存在
Traceback (most recent call last):
  File "<pyshell#18>", line 1, in <module>
    s1.remove(4)  #删除的元素不存在
KeyError: 4
>>>
```

图 5-42   使用集合处理函数与方法的程序示例

在该程序中,首先定义了两个集合 s1 和 s2,之后调用 len 函数,分别求 s1 和 s2 的长度,结果分别是 3 和 2。之后调用 add 方法,向 s2 中添加元素 5,结果是{1,4,5}。之后调用 remove 方法,删除了值为 4 的元素,结果是{1,5}。之后调用 clear 方法,清空了 s2,结果为空集合。最后调用 remove 方法,删除 s1 中值为 4 的元素,因为该元素不存在,所以程序运行出错。

5.4.3   1 个程序设计实例——公司年会抽奖

【实例 5-7】   公司年会抽奖。

某公司 800 名员工参加年会,每个人手里都有一张编号为 1～800 的入场券,会议期间有个抽奖环节,奖励随机抽取出的 30 人。要求编程实现生成并输出用于抽奖的 30 个号码。

经过分析,抽奖的过程实质上就是从 1～800 个编号中抽出 30 个不重复的随机号码。可以定义一个集合 numbers,利用它的去重复特性,把系统每次生成的 1～800 的随机数加入到集合中,如果元素个数达到 30 就结束,输出生成的号码,问题就可以解决。

这个程序的数据结构除了集合 numbers 外,还需要一个整型变量 i 控制输出 30 个号码。

程序算法流程图如图 5-43 所示。

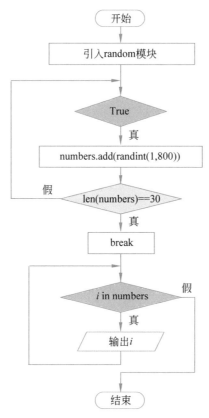

图 5-43 【实例 5-7】的算法流程图

程序代码和运行效果截图如图 5-44 所示。

```
File  Edit  Format  Run  Options  Window  Help
1  #集合应用实例，模拟公司年会抽奖
2
3  from random import *  #引入random模块
4
5  numbers=set()  #创建空集合
6
7  #无限循环，模拟抽奖
8  while True:
9      numbers.add(randint(1,800))
10     #单路分支，控制结束循环
11     if len(numbers)==30:
12         break;
13
14  #遍历循环，输出中奖号码
15  for i in numbers:
16      print(i,end="  ")
17
```

```
645   649   10   396   658   19    796
672   164   551  555   43    46    53
704   707   70   75    333   83    482
748   749   111  241   243   245
121   764   511
>>>|
```

(a) 程序代码   (b) 运行效果

图 5-44 【实例 5-7】的程序代码及运行效果

在该程序中，第 5 行创建了空集合 numbers。第 8~12 行是一个无限循环，用来生成 30 个随机号码。第 9~12 行是它的循环体。第 9 行是向字典 numbers 添加数据的语句。第 9~12 行是一个 if 单路分支，用来控制当集合里的数据达到 30 个时就退出循环。第 15~16 行

是一个不带 else 的遍历 for 循环,用来控制输出生成的 30 个号码。

最后就 5 种组合数据类型总结如下。

(1) 字符串、元组、列表都是序列类型,都可以通过序号访问元素,可以进行切片操作。字符串和元组是不可变的,列表是可变的。

(2) 字典是一种映射类型。它存的是键值对,是无序的、可变的数据类型。

(3) 集合既不是序列,也不是映射。它是无序的、无重复的可变数据类型。

5.5 习题与上机编程

一、 单项选择题

1. 以下关于元组类型的描述,错误的是_____。

    A) 元组中元素的个数叫作元组的维度   B) 元组中元素的数据类型可以任意

    C) 元组中元素的值不可改变   D) 只含一对圆括号的对象是元组类型

2. 以下选项中,_____不是元组类型。

    A) (1,2)   B) ()   C) (1)   D) (1,)

3. 若有:

```
t1=(1,2,3)
t2=(2,3,4)
```

则执行 t＝t1 * 2＋t2;print(t.count(2))的输出结果是_____。

    A) 3   B) 2   C) 1   D) 0

4. 若有:

```
t=(("李梅",18,(62,75,81)), ("马强",18,(82,86,91)))
```

则以下说法正确的是_____。

    A) t 是一个二维元组   B) t[0]的值是"李梅"

    C) len(t)的值是 6   D) t[1][1]的值是 18

5. 以下关于列表的描述不正确的是_____。

    A) 列表中的元素可以是任意类型

    B) 当列表中的元素只有一个时,后面必须有逗号

    C) 列表中元素的值可以被修改

    D) 列表里可以没有元素

6. 若有:

```
a=1,2,3
```

那么,a 默认的数据类型是_____。

    A) 元组   B) 列表   C) 字符串   D) 整数

7. 若有：

```
l=[[1,2],1,2,(1,2,3),1,3]
```

那么,len(l)的值是_____。

  A) 6   B) 7   C) 8   D) 9

8. 若有：

```
l=[[1,2],1,2,(1,2,3),1,3]
```

那么,下列选项的值不是 2 的是_____。

  A) l[0][1]   B) l[l[−2]]   C) l[3][1]   D) l[−3][1]

9. 以下关于列表 sort 方法的描述,正确的是_____。

  A) 缺省 reverse 参数时是按升序排列,reverse 参数为 True 时按降序排列

  B) 缺省 reverse 参数时是按升序排列,reverse 参数为 True 时按升序排列

  C) 缺省 reverse 参数时是按降序排列,reverse 参数为 False 时按升序排列

  D) 缺省 reverse 参数时是按降序排列,reverse 参数为 False 时按降序排列

10. 以下关于字典类型的描述,正确的是_____。

  A) 字典中的键和值均可以是任意数据类型

  B) 字典中的键和值都必须是不可变类型

  C) 字典中的键必须是不可变数据类型,值可以是任意类型

  D) 字典中的值必须是不可变数据类型,键可以是任意类型

11. 以下选项中,_____不可以作为字典中的键。

  A) (1,2)   B) [1,2]   C) "1"   D) 1

12. 以下关于集合类型的描述,错误的是_____。

  A) 集合是一种可变数据类型

  B) 集合中不存在重复元素

  C) 集合中的元素可以是任意数据类型

  D) 集合中的元素是无序的

13. 下列选项中,_____是正确的集合类型。

  A) {}   B) {(1,2),1,2}   C) {1,2,[1,2]}   D) {{1,2}}

14. 若 s1 与 s2 都是集合,则以下对表达式 s1−s2 描述正确的是_____。

  A) 返回在 s1 中但不在 s2 所有元素组成的集合

  B) 返回由 s1 与 s2 共同元素组成的集合

  C) 返回由 s1 与 s2 所有非重复元素组成的集合

  D) 返回由 s1 和 s2 所有非共同元素组成的集合

15. 若有语句：

```
s1={1,2,3}
s2={2,3,4}
```

那么,表达式 s1^s2 的结果是_____。

A) {1,4}   B) {2,3}   C) {1}   D) {4}

二、 判断题

1. 元组是一种不可变数据类型。   （   ）

    A) √   B) ×

2. 通过切片可以将一个元组中元素的顺序逆置。   （   ）

    A) √   B) ×

3. len((1,2) * 3)的结果是2。   （   ）

    A) √   B) ×

4. 列表是一种不可变数据类型。   （   ）

    A) √   B) ×

5. 列表是可变类型，所以不可以含元组类型的元素。   （   ）

    A) √   B) ×

6. 列表的remove(x)方法是删除值为 x 的所有元素。   （   ）

    A) √   B) ×

7. 在字典中，键的数据类型可以是任意的。   （   ）

    A) √   B) ×

8. 字典中的数据只能通过键进行访问和处理。   （   ）

    A) √   B) ×

9. 集合是一种无序的数据类型。   （   ）

    A) √   B) ×

10. 集合运算 $s1 \& s2$ 的结果包含了 $s1$ 和 $s2$ 所有非共同元素。   （   ）

    A) √   B) ×

三、 应用题

1. 若 $t = (1,2,(1,2),2)$，写出下列表达式的结果。

(1) $t[1]$ (2) $t[-1]$ (3) $t[t[1]]$

(4) $t[1:3]$ (5) $len(t)$ (6) $t.count(2)$

2. 若 $l = [1,2,2,[2,3]]$，写出下列表达式的结果。

(1) $l[1]$ (2) $l[-1]$ (3) $l[l[0]]$

(4) $len(t)$ (5) $t.count(2)$ (6) $t.index(2)$

四、 使用 IDLE 命令交互方式编程

1. 列表操作。写出满足条件的语句，并执行。

(1) 生成空列表 l。

    >>>

(2) 产生两个 1～100 的随机整数，并添加到 l 中。

    >>>
    >>>

（3）把 l 中的元素按降序排列。

>>>

（4）取 l 中的第一个元素的值,并删除该元素。

>>>

（5）把 l 中的元素清空。

>>>

（6）使用 random 的 choice 方法,从 $l2=["1","2","3","a","b","c"]$ 中随机选取两个元素,组成一个字符串,添加到 l 中。

>>>

2. 字典操作。写出满足条件的语句,并执行。
（1）定义字典 d,并赋值为{"数学":78,"语文":96}。

>>>

（2）把"数学"成绩修改为 87。

>>>

（3）向 d 中添加课程"英语",成绩为 91。

>>>

（4）删除 d 中的"语文"课程和成绩。

>>>

五、 使用 IDLE 文件执行方式编程

1. 输出月份名字
（1）题目内容：使用元组编程实现,输入一个 1～12 的数字,输出该数字对应月份的英文名称(提示：使用元组存储 12 个月的英文名称)。
（2）输入格式：一个 1～12 的整数。
（3）输出格式：月份名称。
（4）输入样例。

1

（5）输出样例。

January

2. 求最长公共子串

（1）题目内容：使用列表、集合编程实现，输入两个字符串，求两个字符串共有的最长子串。

（2）输入格式：两个字符串。

（3）输出格式：最长公共子串。

（4）输入样例。

```
字符串1:qwertyui
字符串2:ertyuioipo
```

（5）输出样例。

```
最长共有的子串:ertyui
```

3. 统计成绩

（1）题目内容：使用元组和字典编程实现，输入若干使用逗号隔开的0～100的成绩，统计不及格（0～59）、及格（60～69）、中等（70～79）、良好（80～89）、优秀（90～100）的成绩个数，并输出。

（2）输入格式：若干用逗号隔开的成绩。

（3）输出格式：若干行统计数据。

（4）输入样例。

```
19,78,56,87,43,100,82,76,67,65,92
```

（5）输出样例。

```
不及格:3
及格:  2
中等:  2
良好:  2
优秀:  2
```

第6章 函数及其应用

本章学习目标

- 理解包、子包、模块、函数、形参、实参、局部变量、全局变量的概念
- 理解复杂程序结构及模块化程序设计思想
- 熟练掌握函数的定义、调用方法
- 熟练掌握函数之间传递参数的类型与方法
- 掌握递归函数的定义方法
- 熟悉 time 库的使用方法
- 掌握使用 turtle 库绘制图形的方法

前面 5 章研究的都是只含有一个程序文件的单文档程序。本章研究包含多个文件、多个函数的较复杂的程序设计。主要介绍复杂程序的结构、模块化程序设计方法、函数定义、函数调用、函数之间参数传递、变量的作用域、递归函数、time 库和 turtle 库。

6.1 函数基本知识

扫一扫

6.1.1 复杂程序结构与模块化

1. 复杂程序结构

前面 5 章讨论的程序都是只有一个源程序文件的单文档程序。这样安排主要是为了避开程序的复杂结构,把焦点集中到对重点知识的介绍上,方便学习和掌握。

对于复杂的问题来说,Python 程序往往由包和模块组成。包是一个有层次的文件目录结构。包由子包和模块组成。从面向过程的程序设计角度来说,模块是由函数组成的。

某个较复杂 Python 程序的结构简图如图 6-1 所示。

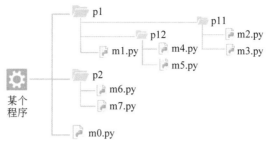

图 6-1　某个较复杂程序的结构简图

从图 6-1 可以看出,该程序是以层次结构,也叫作目录树结构组织的。它由两个包 p1、p2 和一个模块 m0 组成。包 p1 又由两个子包 p11、p12 和一个模块 m1 组成。子包 p11 包含了两个模块 m2、m3。子包 p12 包含了两个模块 m4、m5。包 p2 包含了两个模块 m6 和 m7。

采用这种结构组织程序主要是为了管理和维护方便。

2. 模块化

对于较复杂的问题来说,实施编程之前需要对问题进行功能分解。把一个大的问题分解成若干功能模块的过程叫作模块化。每一个模块的功能通过定义函数来实现。一个模块可以包含一个或多个函数。

一个较复杂程序的模块划分及函数组成情况如图 6-2 所示。

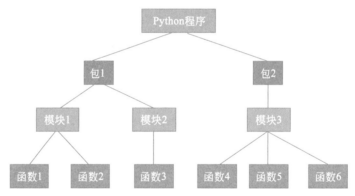

图 6-2　一个较复杂程序的模块划分及函数组成情况

从图 6-2 可以看出,这个程序的功能被划分成了 3 个模块——模块 1、模块 2、模块 3。模块 1 里包含 2 个函数,模块 2 里只有 1 个函数,模块 3 包含了 3 个函数。模块 1 和模块 2 存放在包 1 中,模块 3 存放在包 2 中。

模块化程序设计有以下 3 个好处。

(1) 降低难度,便于实现。

把一个大的问题分解成若干小问题可以降低问题的复杂度,实现起来更容易。

(2) 实现重用,提高效率

把一些需要在程序中多个地方使用的通用代码写成函数,需要的时候就调用,可以避免多次重复写代码,有利于代码的重复利用,提高开发效率。

（3）便于并行开发。

把问题分解后,可以把任务安排给多人并行开发,缩短开发周期。

▶▶▶ 树立"分而治之"的思想

在日常学习和生活中,当面临困难和棘手的问题时,既不要盲目求进,也不要畏缩不前,而要对困难和问题进行科学的分析和研判,做出合理的规划和分解,然后从容易的问题入手,采用"分而治之,逐个击破"的策略处理,这样往往可以取得事半功倍的效果,有助于问题的整体解决。

6.1.2 函数定义

1. 定义格式

函数是具有独立功能,可以被单独执行的命名代码段。函数定义就是按照指定格式编写完成函数代码的过程。

函数定义的一般格式如下。

```
def  函数名(形式参数列表):
    语句块
    return 对象
```

其中,def 所在的行被称作函数头,该行后面的部分被称作函数体。

2. 4 点说明

（1）关于函数名的命名。

函数名是函数的标识,它的命名必须遵循 2.1.2 节介绍的自定义标识符命名规则。

（2）关于形式参数列表

形式参数列表简称形参列表。它是使用逗号隔开的多个对象的序列。函数通过形式参数接收外界传递过来的数据。形式参数不是必需的,没有形式参数时括号里必须是空的。形式参数的命名也必须遵循自定义标识符命名规则。

（3）关于冒号。

冒号是函数定义语法结构的一部分,不可以省略不写。

（4）关于 return 语句。

return 语句具有以下两个作用。

① 返回函数的值,并结束函数运行。

使用 return 语句返回函数值的格式如下。

```
return 对象
```

这里的对象可以是常量、变量、表达式,而且可以是任意数据类型。

② 结束函数的运行。

当 return 语句后面没有对象单独使用时,其作用是结束函数的执行。格式如下。

```
return
```

定义函数的程序示例如图 6-3 所示。

```
#函数定义程序示例

#1. 无返回值、无形参的函数定义
def printRunOver():
    print("\n===程序运行结束===\n")
    return

#2. 无返回值、有形参的函数定义
def printExp(a, b):
    print(a, "+", b, "=", a+b)

#3. 有返回值、无形参的函数定义
def inputInt():
    x = int(input("请输入一个整数: "))
    return x

#4. 有返回值、有形参的函数定义
def fac(n):
    f = 1
    for i in range(1, n+1):
        f *= i
    return f
```

图 6-3　定义函数的程序示例

上面的程序定义了 4 个函数。第 4～6 行定义了无返回值、无形参的函数 printRunOver,该函数的作用是输出"＝＝＝程序运行结束＝＝＝"信息。第 4 行中的圆括号里必须是空的。第 6 行的 return 语句可以有,也可以没有。若没有 return 语句,该函数执行的时候,系统会花费一些时间来判断函数体是否执行完毕,进而影响执行效率;若含有 return 语句,执行到它就结束了函数运行,进而节省了系统判断的时间,所以提倡带有 return 语句。第 9～10 行定义了无返回值、有形参的函数 printExp,该函数的作用是输出 a 和 b 的求和公式,这个函数没有带 return 语句。第 13～15 行定义了有返回值、无形参的函数 inputInt,该函数的作用是返回从键盘上输入的一个整数。第 18～22 行定义了有返回值、有形参的函数 fac,该函数的作用是返回 n 的阶乘。

3. 函数的返回值

对于有返回值的函数来说,返回结果的类型由 return 语句后面对象的类型确定。如果对象有多个,需要用逗号隔开,默认是元组类型。对于无返回值的函数,返回的结果是特殊对象 None。有关 None 的知识 3.1.1 节介绍过,它是 Python 里的一个关键字,用来表示空值。

有关返回不同类型值的函数的程序示例,如图 6-4 所示。

在这个程序中,第 3～5 行定义了返回整数值为 1 或 0 的函数 $f1$,用于判断 y 是否闰年——若返回值为 1,则 y 是闰年,否则 y 不是闰年。第 4 行中用到了 3.2.2 节中介绍的条件表达式知识。第 7～8 行定义了返回值为小数的函数 $f2$,用于求 x 的算术平方根。第 10～14 行定义了返回字符串类型的函数 $f3$,用于返回 x 是"正数"还是"非正数"信

```
File Edit Format Run Options Window Help
1  #返回不同类型值的函数
2
3  def f1(y):   #返回整数的函数
4      result =(1 if y%4==0 and y%100!=0 or y%400==0 else 0)
5      return result
6
7  def f2(x):   #返回小数的函数
8      return x**0.5
9
10 def f3(x):   #返回字符串的函数
11     if x>0:
12         return "正数"
13     else:
14         return "非正数"
15
16 def f4(x,y):   #返回逻辑值的函数
17     result=(True if x>y else False)
18     return result
19
20 def f5(x,y):   #返回元组的函数
21     return x+y, x-y
22
23 print(f1(2000),f2(2),f3(-2),f4(10,20),f5(1,2))
24
```

```
1 1.4142135623730951 非正数 False (3, -1)
>>>
```

(a) 程序代码   (b) 运行效果

图 6-4　返回不同类型值的函数的程序示例

息。比较函数 $f1$ 与 $f3$ 的定义,可以清楚地看出条件表达式的作用,使用它代码会更加简洁、更加高效。第 16～18 行定义了返回值为逻辑值的函数 $f4$,用于判断 x 是否大于 y——若返回值为 True,则 x 大于 y,否则 x 不大于 y。第 17 行也是使用了条件表达式。第 20～21 行定义了返回 $x+y$ 和 $x-y$ 两个对象的函数 $f5$,它的返回结果是元组类型,里面存放了 $x+y$ 与 $x-y$ 两个元素。第 23 行是输出 5 个函数返回值的语句。图 6-4(b) 是程序运行效果的截图。

4. 空函数

函数体是空语句(pass 语句)的函数叫作空函数。

pass 语句在 4.2.3 节中介绍过,它没有任何功能。在空函数的定义里,pass 语句起到了占位作用。很显然,空函数没有返回值。

有关空函数的程序示例如图 6-5 所示。

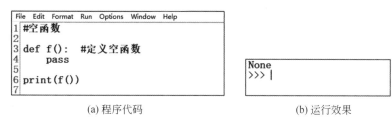

```
File Edit Format Run Options Window Help
1  #空函数
2
3  def f():   #定义空函数
4      pass
5
6  print(f())
7
```

```
None
>>>
```

(a) 程序代码   (b) 运行效果

图 6-5　空函数的程序示例

在上面的程序中,第 3～4 行定义了名字为 f 的空函数。第 6 行输出了该函数的值。从运行结果可以看出,它的值是 None。

在实际编程时,若对程序的某个功能还没考虑好或暂时不想实现,就可以把它定义为空函数,等考虑成熟或需要的时候把 pass 语句替换掉就可以了,这就为程序的升级和维护提供了方便。

函数调用

6.1.3 函数调用

1. 函数引入与调用原则

在 Python 程序中,函数的引入和调用应该遵循以下两条原则。

(1) 同一个模块内部的函数不需要引入就可以直接调用。

(2) 不同模块之间的函数必须先引入,然后才可以调用。

在默认情况下,同级模块可以相互引入函数,上级模块可以引入下级模块的函数,下级模块不可以引入上级模块的函数。同级、上级、下级模块分别是指处于同一个包、处于上级包、处于下级包里的模块。就图 6-1 中的程序结构来说,模块 m2 与 m3 之间、m4 与 m5 之间、m6 与 m7 之间均属于同级模块。m0 是 m1~m7 的上级模块,m1~m7 均为 m0 的下级模块;m1 是 m2~m4 的上级模块,m2~m4 均为 m1 的下级模块。

2. 模块内部的函数调用

模块内部的函数之间可以直接调用。调用的一般格式如下。

函数名([实际参数列表])

实际参数列表简称实参列表,它是使用逗号隔开的多个参数的序列。没有实参时,括号里必须是空的。通常情况下,实参的个数应该和形参保持一致。有些时候,实参的个数可以和形参不一致,6.2 节专门讨论。

模块内部函数调用的程序示例如图 6-6 所示。

```
#一个模块内部函数的调用不需要引入

#定义无参数、无返回值函数
def printMsg():
    print("程序运行结束".center(30,"="))
    input("\n按回车键退出...")

#定义无参数、有返回值函数
def getInt():
    x=int(input("请输入一个整数: "))
    return x

#定义有参数、无返回值函数
def printExp(a,b):
    print(a,'+',b,'=',a+b)

#函数调用语句
print("程序运行开始".center(30,"="))
printExp(getInt(),getInt())  #函数调用
printMsg()  #函数调用
```

```
===========程序运行开始===========
请输入一个整数: 1
请输入一个整数: 2
1 + 2 = 3
===========程序运行结束===========

按回车键退出...
```

(a) 程序代码　　　　　　　　　(b) 运行效果

图 6-6　模块内部的函数调用程序示例

该程序只含 1 个模块,里面定义了 3 个函数。第 4~6 行定义了无参数、无返回值的函数 printMsg,作用是输出程序运行结束的信息,并利用 input 函数防止出现闪屏。第 9~11 行定义了无参数、有返回值的函数 getInt,作用是返回从键盘上输入的一个整数。第 14~15 行定义了有参数、无返回值的函数 printExp,作用是输出 a 和 b 的求和公式。第 20 行和第 21 行是函数调用语句,它调用了前面的 3 个函数。第 20 行调用了 printExp 和 getInt,这里 getInt 函数被调用了两次,而且是作为了 printExp 函数的实参。第 21 行调用了 printMsg。

请记住:

- 对于有返回值的函数,函数调用可以作为表达式的一部分参加处理。
- 对于无返回值的函数,函数调用只能作为独立的语句出现。

在实际编程时,往往定义一个 main 函数作为整个程序执行的入口,由它来调用其他函数的运行。定义了 main 函数的程序示例如图 6-7 所示。

```
File Edit Format Run Options Window Help
1 #一个模块内部函数的调用不需要引入
2
3 #定义无参数、无返回值函数
4 def printMsg():
5     print("程序运行结束".center(30,"="))
6     input("\n按回车键退出...")
7
8 #定义无参数、有返回值函数
9 def getInt():
10    x=int(input("请输入一个整数: "))
11    return x
12
13 #定义有参数、无返回值函数
14 def printExp(a,b):
15    print(a,'+',b,'=',a+b)
16
17 #定义main函数调用其他函数
18 def main():
19    print("程序运行开始".center(30,"="))
20    printExp(getInt(),getInt())  #函数调用
21    printMsg()  #函数调用
22
23 #执行main函数
24 if __name__=="__main__":  #判断是否是顶级模块
25    main()
```

```
=============程序运行开始============
请输入一个整数: 1
请输入一个整数: 2
1 + 2 = 3
=============程序运行结束============

按回车键退出...|
```

(a) 程序代码   (b) 运行效果

图 6-7 定义了 main 函数的程序示例

图 6-7 中的程序是图 6-6 程序的改版,从运行效果可以看出,两个程序的功能完全相同。所不同的是,图 6-7 中的程序里增加了一个 main 函数。第 18～21 行是 main 函数的定义部分,通过 main 函数调用了其他 3 个函数。第 24～25 行是一个单路分支,控制调用执行 main 函数。第 24 中的__name__是 python 程序的内建变量,通过它可以获知当前模块的执行方式,如果它的值是字符串"__main__",就说明该模块是单独运行的顶级模块,如果不是,就说明该模块是被别的模块调用运行的子模块。很显然,对于每一个 Python 程序来说,应该有且只有一个顶级模块,由它定义并调用 main 函数来启动整个程序,然后通过 main 函数来调用其他函数,从而完成整个程序的功能。

3. 模块之间的函数调用

(1) 同级模块间的函数调用。

同级模块间函数引入和调用方法与 1.3.2 节介绍的方法完全相同。下面通过一个程序示例进行回顾。

该程序的结构情况如图 6-8 所示。它包含了位于同一个目录下的 main 和 sub 两个同级模块,实现的功能与图 6-7 中的程序完全一样。

sub 模块中定义了 3 个函数,main 模块只定义了一个 main 函数。main 模块通过调用 sub 模块里的函数实现整个功能。sub 模块的代码如图 6-9 所示。

main 模块调用 sub 模块里函数的 5 种方法如下。

方法 1:使用"import sub"引入 sub 模块,使用"sub.函数名(实参列表)"调用函数。

main 模块的代码和执行情况如图 6-10 所示。

图 6-8　含两个同级模块的程序结构

```
File Edit Format Run Options Window Help
1 #sub模块中定义了三个函数
2
3 #定义无参数、无返回值函数
4 def printMsg():
5     print("程序运行结束".center(30,"="))
6     input("\n按回车键退出...")
7
8 #定义无参数、有返回值函数
9 def getInt():
10     x=int(input("请输入一个整数： "))
11     return x
12
13 #定义有参数、无返回值函数
14 def printExp(a, b):
15     print(a, ' + ', b, ' = ', a+b)
```

图 6-9　sub 模块的代码

```
File Edit Format Run Options Window Help
1 #main模块引入和调用sub模块里的函数
2
3 #引入格式一：    import 模块名
4 #函数调用格式：   模块名.函数名(实参列表)
5
6 import sub
7
8 #定义main函数调用其他函数
9 def main():
10     print("程序运行开始".center(30,"="))
11     sub.printExp(sub.getInt(),sub.getInt())   #函数调用
12     sub.printMsg()  #函数调用
13
14 #执行main函数
15 if __name__=="__main__":  #判断是否是顶级模块
16     main()
17
```

```
===========程序运行开始===========
请输入一个整数： 1
请输入一个整数： 2
1 + 2 = 3
===========程序运行结束===========

按回车键退出...|
```

(a) main模块的代码　　　　　　　　　(b) 运行效果

图 6-10　main 模块调用 sub 模块里函数的第 1 种方法及运行效果

　　方法 2：使用"import sub as 别名"引入 sub 模块，使用"别名.函数名(实参列表)"调用函数。

　　main 模块的代码和执行情况如图 6-11 所示。

　　方法 3：使用"from sub import ＊"引入 sub 模块，使用"函数名(实参列表)"调用函数。

　　main 模块的代码和执行情况如图 6-12 所示。

　　方法 4：使用"from sub import 函数名"引入 sub 模块，使用"函数名(实参列表)"调用函数。

　　main 模块的代码和执行情况如图 6-13 所示。

　　方法 5：使用"from sub import 函数名 as 别名"引入 sub 模块，使用"别名(实参列表)"

```
File Edit Format Run Options Window Help
1  #main模块引入和调用sub模块里的函数
2
3  #引入格式二:     import 模块名 as 别名
4  #函数调用格式:    别名.函数名(实参列表)
5
6  import sub as S
7
8  #定义main函数调用其他函数
9  def main():
10     print("程序运行开始".center(30,"="))
11     S.printExp(S.getInt(),S.getInt())  #函数调用
12     S.printMsg()  #函数调用
13
14 #执行main函数
15 if __name__=="__main__":  #判断是否是顶级模块
16     main()
17
```

```
==========程序运行开始==========
请输入一个整数:  1
请输入一个整数:  2
1 + 2 = 3
==========程序运行结束==========

按回车键退出...|
```

(a) main模块的代码   (b) 运行效果

图 6-11 main 模块调用 sub 模块里函数的第 2 种方法及运行效果

```
File Edit Format Run Options Window Help
1  #main模块引入和调用sub模块里的函数
2
3  #引入格式三:     form 模块名 import *
4  #函数调用格式:    别名.函数名(实参列表)
5
6  from sub import *
7
8  #定义main函数调用其他函数
9  def main():
10     print("程序运行开始".center(30,"="))
11     printExp(getInt(),getInt())  #函数调用
12     printMsg()  #函数调用
13
14 #执行main函数
15 if __name__=="__main__":  #判断是否是顶级模块
16     main()
17
```

```
==========程序运行开始==========
请输入一个整数:  1
请输入一个整数:  2
1 + 2 = 3
==========程序运行结束==========

按回车键退出...|
```

(a) main模块的代码   (b) 运行效果

图 6-12 main 模块调用 sub 模块里函数的第 3 种方法及运行效果

```
File Edit Format Run Options Window Help
1  #main模块引入和调用sub模块里的函数
2
3  #引入格式四:     from 模块名 import 函数名
4  #函数调用格式:    函数名(实参列表)
5
6  from sub import printExp
7  from sub import getInt
8  from sub import printMsg
9
10 #定义main函数调用其他函数
11 def main():
12     print("程序运行开始".center(30,"="))
13     printExp(getInt(),getInt())  #函数调用
14     printMsg()  #函数调用
15
16 #执行main函数
17 if __name__=="__main__":  #判断是否是顶级模块
18     main()
19
```

```
==========程序运行开始==========
请输入一个整数:  1
请输入一个整数:  2
1 + 2 = 3
==========程序运行结束==========

按回车键退出...|
```

(a) main模块的代码   (b) 运行效果

图 6-13 main 模块调用 sub 模块里函数的第 4 种方法及运行效果

调用函数。

main 模块的代码和执行情况如图 6-14 所示。

(2)下级模块的函数调用。

调用下级模块的函数与调用同级模块的函数格式类似,所不同的是要在被引入的模块名前面加上从引用模块到被引用模块之间所有包的名字,包与包之间、包与模块之间用点运

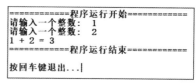

```
File Edit Format Run Options Window Help
1  #main模块引入和调用sub模块里的函数
2
3  #引入格式五:    from 模块名 import 函数名 as 别名
4  #函数调用格式:    别名(实参列表)
5
6  from sub import printExp as F1
7  from sub import getInt   as F2
8  from sub import printMsg as F3
9
10 #定义main函数调用其他函数
11 def main():
12     print("程序运行开始".center(30,"="))
13     F1(F2(),F2())  #函数调用
14     F3()  #函数调用
15
16 #执行main函数
17 if __name__=="__main__":  #判断是否是顶级模块
18     main()
19
```

(a) main模块的代码

```
===============程序运行开始============
请输入一个整数:  1
请输入一个整数:  2
1 + 2 = 3
================程序运行结束============

按回车键退出...|
```

(b) 运行效果

图 6-14　main 模块调用 sub 模块里函数的第 5 种方法及运行效果

算符(.)隔开。调用函数时,凡是需要模块名的地方也要作同样的调整。

若某程序的组织结构如图 6-15 所示。

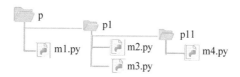

图 6-15　某程序的组织结构图

模块 m1 引入其下级模块 m4 的语句格式之一如下。

```
import p1.p11.m4
```

与该引入格式对应的函数调用格式如下。

```
p1.p11.m4.函数名(实参列表)
```

如果对图 6-8 中的程序结构作一下调整,把 sub 模块放入到子包 p1 中,使其变为 main 模块的下一级模块,如图 6-16 所示。

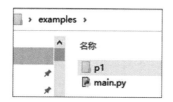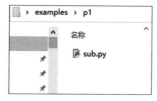

图 6-16　main 与其下级模块 sub 的组织结构图

main 模块调用下级 sub 模块的程序代码及运行效果如图 6-17 所示。

在这个程序中,第 3 行是引入 sub 模块的语句。第 8～9 行是函数调用语句。可以清楚地看到,与同级模块函数调用不同的是,在 sub 模块名前面需要指定该模块所在的位置。

图 6-17　main 模块调用下级模块 sub 的程序示例及运行效果

6.2　函数的参数传递

扫一扫

函数调用时，调用函数把实参的数据传递给被调用函数的形参。形参与实参之间传递数据的过程简称参数传递。不同的参数传递方式，系统处理的机制不同，对程序产生的作用和影响也不同。

6.2.1　不改变实参值的参数传递

在函数调用时，如果调用函数的实参是不可变类型的变量，那么被调用函数对形参值的修改不会影响实参的值。在 Python 中，原子类型、字符串、元组都是不可变类型。

不改变实参值的参数传递程序示例如图 6-18 所示。

(a) main模块的代码　　　　(b) 运行效果

图 6-18　不改变实参值的参数传递程序示例及运行效果

在这个程序中，第 3～5 行定义了函数 fun。fun 的作用是先使形参 a 和 b 的值增加 1，然后输出 a 和 b 的值。第 7～10 行是 main 函数的定义。第 9 行是调用 fun 函数的语句，实参是两个整型变量 x 和 y，它们的值分别是 10 和 20。调用发生时，main 函数把 x 与 y 的值分别传递给了被调用函数 fun 的形参 a 和 b。调用结束后输出 x 和 y 的值。从程序运行结果可以看出，被调用函数 fun 对形参 a 和 b 值的修改对实参 x 和 y 没有影响。

采用这种传递参数的方式，可以确保调用函数内部数据的安全性。

6.2.2 改变实参值的参数传递

在函数调用时,如果调用函数的实参是可变类型的变量,那么被调用函数对形参值的修改会影响实参的值。在 Python 中,列表、字典、集合都是可变数据类型。

改变实参值的参数传递程序示例如图 6-19 所示。

```
File  Edit  Format  Run  Options  Window  Help
1  #改变实参值的参数传递
2
3  def fun(a): #定义函数fun
4      for i in range(len(a)):
5          a[i]+=1
6      print(a)
7
8  def main(): #定义main函数
9      x=[1,2,3]
10     fun(x)     #调用函数fun
11     print(x) #输出x
12
13  if __name__=="__main__": #执行main函数
14     main()
15
```

```
[2, 3, 4]
[2, 3, 4]
>>>
```

(a) 程序代码   (b) 运行效果

图 6-19 改变实参值的参数传递程序示例及运行效果

在这个程序中,第 3～6 行定义了函数 fun,该函数的作用是先使形参 a 中每个元素的值增加 1,然后输出 a。第 8～11 行是 main 函数的定义,第 10 行是调用 fun 函数的语句,实参是一个列表变量 x,它包含 3 个元素,值分别是 1、2、3。当函数 fun 被执行时,main 函数把 x 传递给了形参 a。fun 执行结束后,执行第 11 行,输出了实参 x。从程序运行结果可以看出,函数 fun 被调用执行后,形参 a 和实参 x 3 个元素的值都变成了 2、3、4,说明被调用函数对形参 a 的操作对实参 x 产生了影响。

采用这种参数传递方式,形参和实参实质上是同一个对象,被调用函数对形参的操作就是对调用函数中实参的操作。很显然,这种参数传递方式是以牺牲数据的安全性为代价,实现了调用函数与被调用函数共享了同一块内存空间。

6.2.3 按参数名传递参数

在默认情况下,实参与形参之间按位置和顺序对应一致的原则传递值。

按位置和顺序传递参数的程序示例如图 6-20 所示。

```
File  Edit  Format  Run  Options  Window  Help
1  #默认情况按位置和顺序进行参数传递
2
3  def fun(a,b): #定义函数fun
4      print(a,b)
5
6  def main(): #定义main函数
7      x=10;y=20
8      fun(x,y) #调用函数fun
9      fun(y,x) #调用函数fun
10
11 if __name__=="__main__": #执行main函数
12     main()
13
```

```
10 20
20 10
>>> |
```

(a) 程序代码   (b) 运行效果

图 6-20 按位置和顺序传递参数的程序示例及运行效果

在该程序中,第 3～4 行定义了函数 fun,作用是输出形参 a 和 b 的值。第 6～9 行是 main 函数的定义,第 8 行是函数调用语句,实参分别是 x、y。fun 被执行时,x 的值传给了 a,y 的值传给了 b,所以输出结果为 10 和 20。第 9 行也是函数调用语句,实参分别是 y、x。fun 被执行时,y 的值传给了 a,x 的值传给了 b,所以输出结果为 20 和 10。

如果在函数调用时,实参采用为每个形参赋值的形式,就可以打乱默认的顺序来传递参数。这种通过形式参数名赋值的方式传递参数叫作按参数名传递参数。

按参数名传递参数的程序示例如图 6-21 所示。

```
File  Edit  Format  Run  Options  Window  Help
1  #按参数名称进行参数传递
2
3  def fun(a,b): #定义函数fun
4      print(a,b)
5
6  def main(): #定义main函数
7      x=10;y=20
8      fun(a=x,b=y)  #调用函数fun
9      fun(b=y,a=x)  #调用函数fun
10
11 if __name__=="__main__": #执行main函数
12     main()
13
```

```
10 20
10 20
>>>
```

(a) 程序代码　　　　　　　　　　　　(b) 运行效果

图 6-21　按参数名传递参数的程序示例及运行效果

在该程序中,第 8 行和第 9 行调用函数 fun 时,实参均是赋值表达式形式,是直接通过形参的名字 a、b 把 x 的值赋给了 a,把 y 的值赋给了 b。所以,无论是先给哪个形参赋值,都不会影响参数传递。

采用这种参数传递方式,可以克服参数传递对位置和顺序的依赖,增加函数调用的灵活性和准确性。

6.2.4　按默认值传递参数

函数定义时,可以采用"形参名 1=值 1,形参名 2=值 2……"的形式给参数指定默认值。函数调用时,指定了默认值的参数可以提供参数,也可以不提供;没有指定默认值的参数必须提供参数。

需要注意的是,如果指定和未指定默认值的形参同时存在,那么所有指定默认值的参数必须放在右侧,未指定默认值的放在左侧,不可以混放,否则程序运行出错。

指定默认值的函数定义及调用的程序示例如图 6-22 所示。

在这个程序中,第 3～4 行是函数 fun 的定义,其中参数 b 和 c 指定了默认值,a 未指定。该函数的作用是输出 a、b、c 的值。第 6～10 行是 main 函数的定义,第 8、9、10 行是调用 fun 函数的语句。第 1 次调用提供了一个参数 x,系统把 x 赋给了形参 a,参数 b 和 c 使用默认值,输出的值分别是 10、1、2。第 2 次调用提供了两个参数 x、y,系统把它们分别赋值给了形参 a 和 b,参数 c 使用默认值,输出的值分别是 10、20、2。第 3 次调用提供了 3 个参数 x、y、z,系统把它们分别赋给了形参 a、b、c,输出的值分别是 10、20、30。

采用这种参数传递方式,可以为某些参数指定默认值,增强了函数的适应性和调用的灵活性。

```
File  Edit  Format  Run  Options  Window  Help
1  #带默认值的参数传递
2
3  def fun(a, b=1, c=2): #定义函数fun
4      print(a, b, c)
5
6  def main(): #定义main函数
7      x=10;y=20;z=30
8      fun(x)      #调用函数fun
9      fun(x, y)   #调用函数fun
10     fun(x, y, z) #调用函数fun
11
12 if __name__=="__main__":  #执行main函数
13     main()
14
```

```
10 1 2
10 20 2
10 20 30
>>>
```

(a) 程序代码   (b) 运行效果

图 6-22　按默认值传递参数的程序示例及运行效果

扫一扫

 变量的作用域

根据定义的位置不同,变量分为局部变量和全局变量。

作用域也叫作作用范围,是程序中定义的对象可以被访问和处理的代码范围。不同类型变量的作用范围不同。

6.3.1　局部变量

局部变量是在函数内部定义的变量。

局部变量的作用范围是该函数的函数体。也就是说只有在定义它的函数内部可以访问和处理,在其他位置不可以,这就确保了函数内部数据的安全性。

局部变量定义和访问的程序示例如图 6-23 所示。

```
File  Edit  Format  Run  Options  Window  Help
1  #局部变量的作用范围是定义它的函数
2
3  def f1():     #定义函数f1
4      a = 1     #局部变量a
5      print(a)
6
7  def f2():     #定义函数f2
8      b = 10    #局部变量b
9      print(b)
10
11 f1() #调用f1
12 f2() #调用f2
13
```

```
1
10
>>> |
```

(a) 程序代码   (b) 运行效果

图 6-23　局部变量的程序示例及运行效果

在这个程序中,第 3~5 行是函数 $f1$ 的定义,第 4 行定义了局部变量 a,第 5 行输出了 a 的值。第 7~9 行是函数 $f2$ 的定义,第 8 行定义了局部变量 b,第 9 行输出了 b 的值。由于 a 和 b 都是局部变量,所以 a 只能被 $f1$ 访问,b 只能被 $f2$ 访问。第 11 行调用 $f1$,输出了 a 的值,结果是 1;第 12 行调用 $f2$,输出了 b 的值,结果是 10。

在其他函数访问局部变量引发错误的程序示例如图 6-24 所示。

```
File  Edit  Format  Run  Options  Window  Help
1  #局部变量的作用范围是定义它的函数
2
3  def  f1():        #定义函数f1
4       a = 1        #局部变量a
5       print(b)
6
7  def  f2():        #定义函数f2
8       b = 10       #局部变量b
9       print(a)
10
11 f1() #调用f1
12 f2() #调用f2
13
```

(a) 程序代码

```
Traceback (most recent call last):
  File "E:\pyPrg\6-24.py", line 11, in <module>
    f1() #调用f1
  File "E:\pyPrg\6-24.py", line 5, in f1
    print(b)
NameError: name 'b' is not defined
>>> |
```

(b) 运行效果

图 6-24　在其他函数访问局部变量引发错误的程序示例及运行效果

在上面的程序中,函数 $f1$ 在第 5 行试图访问 $f2$ 中的变量 b,结果导致程序运行出错,系统提示 $f1$ 中没有定义变量 b。

在函数外部访问局部变量引发错误的程序示例如图 6-25 所示。

```
File  Edit  Format  Run  Options  Window  Help
1  #局部变量的作用范围是定义它的函数
2
3  def  f1():        #定义函数f1
4       a = 1        #局部变量a
5       print(a)
6
7  def  f2():        #定义函数f2
8       b = 10       #局部变量b
9       print(b)
10
11 print(a, b)
12
```

(a) 程序代码

```
Traceback (most recent call last):
  File "E:\pyPrg\6-25.py", line 11, in <module>
    print(a, b)
NameError: name 'a' is not defined
>>> |
```

(b) 运行效果

图 6-25　在函数外部访问局部引发错误的程序示例及运行效果

在上面的程序中,第 11 行是函数外部的代码,它试图访问函数 $f1$ 中的变量 a 和 $f2$ 中的变量 b,结果导致程序运行出错,系统提示变量没有定义。

6.3.2　全局变量

全局变量是在函数外部定义的变量。

全局变量的作用范围是整个程序,也就是说在程序任何位置都可以访问。

全局变量定义和访问的程序示例如图 6-26 所示。

在这个程序中,第 3 行定义了全局变量 a。第 6 行是函数 $f1$ 输出 a 的语句。第 9 行是函数 $f2$ 输出 a 的语句。第 13 行也是输出 a 的语句。第 11 行和第 12 行分别是调用 $f1$ 和 $f2$ 的语句。由于 a 是全局变量,程序中的所有代码都可以访问 a,所以程序的执行结果是输出了 3 个 100。

若程序中存在和全局变量同名的局部变量,那么在该函数范围内操作的是局部变量。

全局变量与局部变量同名的程序示例如图 6-27 所示。

在这个程序中,函数 $f1$ 在第 6 行定义了局部变量 a,它和第 3 行定义的全局变量 a 同名。在这种情况下,对 $f1$ 来说,操作的是局部变量 a,对其他代码来说,操作的是全局变量

```
File  Edit  Format  Run  Options  Window  Help
1  #全局变量的作用范围是整个程序
2
3  a =100          #全局变量a
4
5  def f1():       #定义函数f1
6      print(a)
7
8  def f2():       #定义函数f2
9      print(a)
10
11  f1() #调用f1
12  f2() #调用f2
13  print(a)
14
```

```
100
100
100
>>> |
```

(a) 程序代码   (b) 运行效果

图 6-26   全局变量定义域访问的程序示例及运行效果

```
File  Edit  Format  Run  Options  Window  Help
1  #全局变量的作用范围是整个程序
2
3  a =100          #全局变量a
4
5  def f1():       #定义函数f1
6      a=1         #局部变量a
7      print(a)
8
9  def f2():       #定义函数f2
10      print(a)
11
12  f1() #调用f1
13  f2() #调用f2
14  print(a)
15
```

```
1
100
100
>>> |
```

(a) 程序代码   (b) 运行效果

图 6-27   全局变量与局部变量同名的程序示例及运行效果

a，所以程序输出的结果是 1、100、100。

可以使用 global 关键字，把函数内部的变量声明为全局变量。语句格式如下。

```
global 变量名
```

使用 global 声明全局变量的程序示例如图 6-28 所示。

```
File  Edit  Format  Run  Options  Window  Help
1  #全局变量的作用范围是整个程序
2
3  a =100          #全局变量a
4
5  def f1():       #定义函数f1
6      global a #全局变量声明
7      a=1
8      print(a)
9
10  def f2():       #定义函数f2
11      print(a)
12
13  f1() #调用f1
14  f2() #调用f2
15  print(a)
16
```

```
1
1
1
>>> |
```

(a) 程序代码   (b) 运行效果

图 6-28   使用 global 声明全局变量的程序示例及运行效果

在这个程序中,函数 $f1$ 在第 6 行使用 global 关键字声明了全局变量 a。在这种情况下,对 $f1$ 来说,操作的就是全局变量 a。因为程序从第 13 行执行,先调用 $f1$,把 a 的值改为 1,之后执行第 14~15 行,所以程序输出的结果都是 1。

全局变量可以被程序里的所有代码访问,这就建立了整个程序共享数据的机制。

6.4 递归函数

扫一扫

6.4.1 函数的运行机制

对于含多个函数的程序来说,程序执行的大致过程如下。

- 当遇到函数调用时,调用函数的执行将被终止,系统控制程序跳转到被调用函数执行。若存在参数传递,就将实参的数据传递给形式参数,然后执行被调用函数的函数体。
- 当遇到 return 语句或函数体被执行完毕时,就结束被调用函数的执行,系统控制程序返回到调用函数。若被调用函数有返回值,就用返回值替换原来的函数调用表达式,从函数调用的位置继续向后执行。

含有两个函数的程序示例如图 6-29 所示。在该程序中,第 3~4 行定义了 add 函数,作用是返回 a 和 b 的和。第 6~9 行定义了 main 函数,控制整个程序的执行,它调用了 add 函数。

```
File  Edit  Format  Run  Options  Window  Help
1   ##函数的运行机制
2
3   def add(a, b): #定义函数add
4       return a+b
5
6   def main(): #定义main函数
7       x=10
8       y=20
9       print("{}+{}={}".format(x, y, add(x, y)))
10
11
12  if __name__=="__main__": #执行main函数
13      main()
```

图 6-29 含有两个函数的程序示例

程序运行时,首先从 main 函数开始执行,系统在内存里开辟了一块归 main 函数专用的内存区域,然后执行 main 的函数体,执行第 1 条语句,在内存中产生了变量 x,并赋值 10。执行第 2 条语句,在内存中产生了变量 y,并赋值 20。执行第 3 条语句,遇到了函数调用,此时 main 函数的执行将暂时终止,系统控制从 main 函数跳出,跳转到 add 函数所在的位置执行。

系统同样在内存里开辟了一块归 add 函数专用的内存区域,生成了变量 a 和 b,并把实参 x 的值赋给了 a,y 的值赋给了 b。然后执行 add 的函数体,遇到了 return 语句,求出 $a+b$ 的值 30,add 函数的执行结束。系统在内存中为 add 函数分配的内存空间被释放。

系统控制返回到 main 函数,用返回值 30 替换掉函数调用的表达式。然后继续执行 main 函数,输出 10+20=30,main 函数执行结束。系统在内存中为 main 函数分配的内存

空间也被释放,整个程序运行结束。

上述程序的完整执行过程,视频 6.4 中有详细演示。

6.4.2 递归函数

1. 递归

递归是一种重要的算法。递归的过程可以分为以下 2 步。

(1)问题分解。它是把对一个大问题的求解过程分解为若干个性质相同的较小问题的求解过程。当分解达到边界条件时,就停止分解。

(2)回推。它是对分解的过程进行逆处理。回推时,从最小的问题入手,依次求得较大问题的解,最终得出原问题的解。

求 n 的阶乘问题就是一个可以使用递归实现的典型例子。使用递归求解 n 的阶乘的过程如图 6-30 所示。

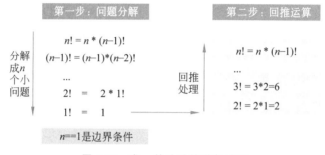

图 6-30 求 n 的阶乘的递归过程

首先是进行问题分解。把求 n 的阶乘分解为 n 乘以 $n-1$ 的阶乘;再把求 $n-1$ 的阶乘分解为 $n-1$ 乘以 $n-2$ 的阶乘……这样反复下去,最后两步是把求 2 的阶乘分解为 2 乘以 1 的阶乘,然后是 1 的阶乘等于 1。当 n 等于 1 时,问题已经有了确定的解,即到达了边界。此时,就停止分解,进行回推处理。回推的过程依次是 2 的阶乘等于 2 乘以 1 的阶乘,结果为 2;3 的阶乘等于 3 乘以 2 的阶乘,结果为 6……这样一直进行下去,最终就可以求出 n 的阶乘。

用递归来处理问题,必须具备以下两个条件。

① 一定要有递推公式。

② 一定要有结束条件。

就求 n 的阶乘来说,其递推公式如下。

$$\mathrm{fac}(n) = \begin{cases} 1 & n == 1 \\ n \times \mathrm{fac}(n-1) & n > 1 \end{cases}$$

其中,结束条件是 $n == 1$。

2. 递归函数

递归函数是自己调用自己的函数。

求 n 的阶乘的递归函数的程序示例如图 6-31 所示。

在这个程序中,第 4~8 行是求 n 的阶乘函数 fac 的定义。函数体是一个二路分支 if…lese 语句。实现的功能是:如果 n 的值为 1,就返回 1;否则就返回 $n * \mathrm{fac}(n-1)$。很显然,if 后面

```
File Edit Format Run Options Window Help
1  #求n的阶乘递归函数
2
3  #定义求n! 的递归函数fac
4  def fac(n):
5      if n==1:
6          return 1
7      else:
8          return n*fac(n-1)
9
10 def main(): #定义main函数
11     print("5!=",fac(5))
12
13 if __name__=="__main__": #执行main函数
14     main()
```

```
5!= 120
>>> |
```

(a) 程序代码   (b) 运行效果

图 6-31　求 *n* 的阶乘递归函数的程序示例及运行效果

对应的是结束条件,else 后面对应的是递推公式,里面包含了对函数 fac 自身的调用。第 10~11 行是 main 函数的定义,第 11 行调用了 fac 函数,实参是 5,用来求 5 的阶乘。

fac 函数的执行过程如图 6-32 所示。

首先,由 main 函数开始启动 fac 的第 1 次调用,实参为 5,于是执行 else 后的 return 5 * fac(4)。由于 fac(4) 本身是函数调用,所以第 1 次调用被暂时终止,转入第 2 次调用,实参的值为 4,于是执行 else 后的 return 4 * fac(3)。由于 fac(3) 本身是函数调用,所以第 2 次调用被暂时终止,转入第 3 次调用,实参的值为 3,于是执行 else 后的 return 3 * fac(2)。由于 fac(2) 本身是函数调用,所以第 3 次调用被暂时终止,转入第 4 次调用,实参的值为 2,于是执行 else 后的 return 2 * fac(1)。由于 fac(1) 本身是函数调用,所以第 4 次调用被暂时终止,转入第 5 次调用,实参的值为 1,于是执行 if 后的

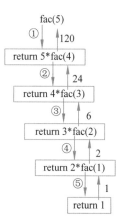

图 6-32　fac 函数的
执行过程

return 1。此时,第 5 次调用结束,于是返回第 4 次调用,执行 return 2 * 1,第 4 次调用也结束。于是返回第 3 次调用,执行 return 3 * 2,第 3 次调用也结束。于是返回第 2 次调用,执行 return 4 * 6,第 2 次调用也结束。于是返回第 1 次调用,执行 return 5 * 24,第 1 次调用也结束。这样整个函数调用结束,返回了 5 的阶乘,结果为 120。

通过程序的执行过程可以看出,递归函数利用了函数的运行机制,也就是函数调用发生时调用函数的运行将被终止,转到被调用函数执行,被调用函数执行结束后又重新返回到调用函数继续执行的特点实现了递推运算。递归是利用计算机解决实际问题的一种重要方法,一定要结合程序示例加强理解。

6.5　2 个标准库模块

扫一扫

6.5.1　time 库

对于绝大多数程序来说,时间处理是一项重要任务。举几个例子来说,"网上订票系统"

需要知道订票的日期和具体时间;"考试系统"需要进行倒计时;"网上购物系统"需要知道下单的时间;"图书借阅系统"需要知道借入和归还时间;"计时收费系统",比如"停车场计费系统",需要知道用户进入和离开的时间。可以说几乎所有的系统都离不开时间处理。Python 提供了 time 库模块,对时间进行处理。

1. 常用函数

time 模块里包含 3 个比较常用的时间处理函数。

(1) time 函数。

该函数的作用是返回当前的时间戳。结果是从 1970 年 1 月 1 日 0 时 0 分 0 秒起到现在所经历的秒数,类型是 float 型。

(2) localtime 函数。

该函数的作用是返回当前时区的一个含 9 个整数元素的元组对象。各个序号的元素对应的数据如表 6-1 所示。

表 6-1　localtime 函数返回的数据情况

序号	元 素 值	类 型	说 明
0	年	int	
1	月	int	
2	日	int	
3	时	int	
4	分	int	
5	秒	int	
6	星期	int	0~6 的整数分别表示星期一至星期日
7	过去的年天数	int	当前年已经过去的天数
8	是否为夏令时	bool	默认为 0(False)

(3) sleep 函数。

该函数的作用是使程序暂停指定的秒数运行。

使用 3 个时间处理函数的程序示例如图 6-33 所示。

```
File Edit Format Run Options Window Help
1  #使用time模块里的函数
2  from time import *   #引入time模块
3
4  print(time())        #输出当前时间戳
5
6  date=localtime()     #获取当前时区时间
7
8  for i in range(len(date)):   #间隔2秒,输出date中的所有元素
9      sleep(2)
10     print("date[{}]:{}".format(i,date[i]))
11 else:
12     print("输出结束")
```

```
1662529020.5224319
date[0]:2022
date[1]:9
date[2]:7
date[3]:13
date[4]:37
date[5]:0
date[6]:2
date[7]:250
date[8]:0
输出结束
>>>
```

(a) 程序代码　　　　　　　　　　　　(b) 运行效果

图 6-33　使用 3 个时间处理函数的程序示例及运行效果

在该程序中,第 2 行是引入 time 模块的语句。第 4 行输出了当前的时间戳。第 6 行把当前时区的时间存到了变量 date 中。第 8~12 行是一个带 else 的 for 遍历循环结构,用于控制以 2s 为时间间隔输出 date 中的 9 个元素。第 10 行的作用是使程序暂停 2s 执行,第 11 行输出了 date 中序号为 i 的元素。

从程序运行结果可以看出,程序运行时距离 1970 年 1 月 1 日 0 时 0 分 0 秒过去了约 1659520107.6 秒;程序执行时是当地时间 2022 年 8 月 3 日 17 时 48 分 27 秒,星期三,过去的年天数是 215 天,当前时间为非夏令时。

2.1 个程序设计实例——动态计时

【实例 6-1】 编程实现,一个按秒进行动态计时的程序。

程序运行时,动态显示经过的秒数,当按下 Ctrl+C 键时结束程序运行,并输出由时、分、秒构成的程序运行开始时间、结束时间以及分别使用秒和分钟表示的总用时。

要求:秒数保留整数,分钟保留小数点后 1 位精度。

提示:当按下 Ctrl+C 键时会引发名字为"KeyboardInterrupt"的异常。

经过分析,确定了这个程序的核心问题是动态计时功能。实现的基本思想是:先用一个变量 startt 记录程序运行开始时的时间戳,也就是秒数,之后使用一个无限循环控制,每次循环求一次运行经过的时间,也就是函数 time 的返回值减去 start 的值,把它存到 passTime 中,经过格式转换后并输出它,使用 sleep 函数控制暂停 1s,然后清屏,重复上述过程,看到的就是 1s 动态变化一次的计时效果了。

基于上面的思路,确定了程序的数据结构,需要用到 6 个变量,如表 6-2 所示。

表 6-2 【实例 6-1】的数据结构及描述

变 量 名	类 型	说 明
t	tuple	存储当前时区时间
start	float	存程序运行开始时的时间戳
end	float	存程序运行结束时的时间戳
startTime	string	存程序运行开始时的时间
endTime	string	存程序运行结束时的时间
passTime	string	存程序运行经历的时

程序的算法流程图如图 6-34 所示。

程序的完整代码和运行效果截图如图 6-35 所示。在该程序中,第 6 行调用 time 函数获取了程序运行开始时的时间戳。第 7 行调用 localtime 函数获取了程序运行开始时的时间,存到了变量 t 中。第 9 行利用第 2 章介绍的字符串转换函数和字符串连接运算重构了开始时间字符串,这里的 $t[3]$、$t[4]$、$t[5]$ 分别是时、分、秒的数据。第 12~32 行是一个无限 while 循环结构,它的循环体是一个 try-except 程序异常处理结构。程序异常处理在 3.3.3 节介绍过,正常情况下执行的是 try 与 except 之间的代码,当按下 Ctrl+C 键时会引发名字为"KeyboardInterrupt"的异常,就会执行 except 后面的代码。第 14 行是求以秒为单位的程序运行时间。第 16~17 行是把运行时间变成想要显示的格式。第 16 行用到 2.3.3 节介绍

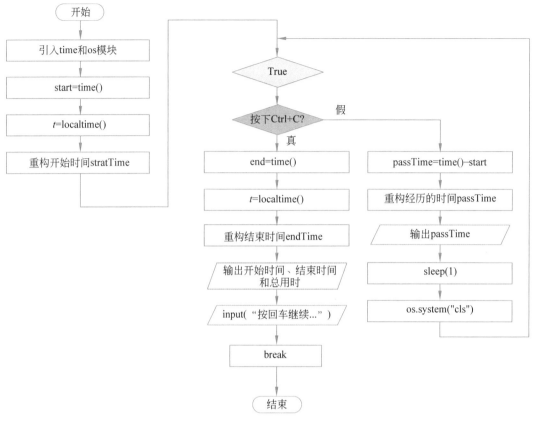

图 6-34 【实例 6-1】算法流程图

```
1  #一个动态显示时间的程序
2
3  from time import * #引入time模块
4  import os          #引入os模块
5
6  start=time()  #获取开始时间戳
7  t=localtime() #获取开始时间
8  #重构由时、分、秒组成的开始时间
9  startTime = str(t[3])+":"+str(t[4])+":" +str(t[5])
10
11 #无限循环,动态计时
12 while True:
13     try:
14         passTime = time() - start  #求经过的秒数
15         #重构经过的时间
16         passTime = str(round(passTime))
17         passTime ="\n\n已过去:  " + passTime + "秒"
18         print(passTime)           #输出经过的时间
19         sleep(1)                  #暂停1秒
20         os.system("cls")   #清屏
21     except KeyboardInterrupt:
22         end=time()    #重新获取时间戳
23         t=localtime() #重新获取时间
24         #重构由时、分、秒组成的结束时间
25         endTime = str(t[3])+":"+str(t[4])+":" +str(t[5])
26         print("\n\n")
27         print("开始时间:", startTime)
28         print("结束时间:", endTime)
29         print("总 用 时:", round(end-start),"秒")
30         print("合    计:", round((end-start)/60,1),"分")
31         input("\n\n按回车键结束...")
32         break
```

图 6-35 【实例 6-1】的程序代码及运行效果

的 round 函数和 2.4.3 节介绍的 str 函数。第 18 行是输出程序运行的时间。第 19 行控制程序暂停 1s。第 20 行是清屏语句。很显然,第 19~20 行配合,让第 18 行的输出结果在屏

幕上保留了 1s,这样反复进行,看到的就是每 1s 变化一次的程序运行的时间。第 22 行是重新获取程序结束时的时间戳。第 23 行重新获取程序运行结束的时间。第 25 行是利用字符串转换和连接运算重构了结束时间字符串。第 26 行利用转义字符"\n"输出了两个空白行。第 27～28 行分别输出了程序运行的开始时间和结束时间。第 29～30 行分别输出了程序运行经过的秒数和分钟数,这里用到了圆整函数 round 来处理整数秒和分钟保留 1 位小数位的问题。第 31 行用到 3.2.4 节中介绍的通过 input 函数防止程序闪屏的方法。第 32 行是 break 语句,控制结束无限循环,实质上就是结束了整个程序。

6.5.2　turtle 库

turtle 库是 Python 提供的用于基本图形绘制的标准库。因为它的绘图思想来源于小海龟的爬行轨迹,所以取名 turtle。

turtle 绘图是在绘图窗体里进行的,一个小海龟在窗体坐标系里爬行的轨迹形成了绘制的图形。小海龟有前进、后退、旋转等行为。为了表述方便,书中也把小海龟称作画笔。

1. 两个绝对坐标系

turtle 绘图窗体有两个绝对坐标系——直角坐标系和角坐标系,如图 6-36 所示。两个坐标系的原点都是窗体的中心位置。

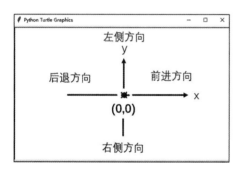
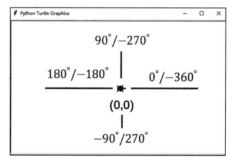

(a) 直角坐标系　　　　　　　　　　　　　(b) 角坐标系

图 6-36　turtle 绘图窗体的两个绝对坐标系

对于直角坐标系来说,
- 正东为 x 轴正向,正西为 x 轴的反向。
- 正北为 y 轴的正向,正南为 y 轴的反向。
- 默认情况下小海龟头朝正东方向。海龟头的方向是前进方向,尾的方向是后退方向。
- 以头的朝向为基准,左手方向为左侧方向,右手方向为右侧方向。

对于角坐标系来说,
- 正东为绝对 0°,正西为绝对 180°,正北为绝对 90°,正南为绝对 270°。
- 绝对角度是固定不变的,与小海龟的状态无关。
- 在角度坐标系里,小海龟逆时针方向旋转的角度为正,顺时针方向旋转的角度为负。

2. 绘图颜色设置

在 Python 中,绘图颜色既可以使用 r、g、b 值设置,也可以使用颜色字符串设置。

（1）使用 r、g、b 值。

自然界的各种颜色都是由红、绿、蓝三种基准色混合而成的，三种基准色所占的比重不同，就形成了不同的颜色。使用 r、g、b 值设置颜色时，它们是 0～1 之间的小数，分别代表红、绿、蓝三种颜色的占比。

（2）使用颜色字符串。

颜色字符串是系统为不同颜色指定的名字。

Python 中常用的颜色字符串及其表示的颜色如图 6-37 所示。

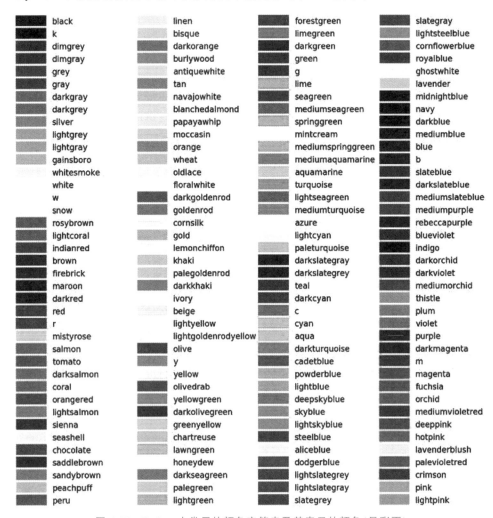

图 6-37　Python 中常用的颜色字符串及其表示的颜色（见彩页）

很显然，使用颜色字符串设置颜色比较直观，是最常用的设置颜色的方法。

3. 常用绘图函数

turtle 库拥有上百个绘图函数，以满足绘图的需要，这些函数主要包括窗体函数、画笔状态函数和画笔运动函数 3 类。

（1）窗体函数。

在 turtle 库中，与窗体有关的函数主要是 setup。它的函数原型如下。

```
setup(width,height,startx,starty)
```

该函数的作用是设置绘图窗体的大小和位置。它有 4 个带默认值的参数 width、height、startx、starty,分别用来设置窗体的宽度、高度和窗体左上角相对于屏幕左上角的位置,如图 6-38 所示。

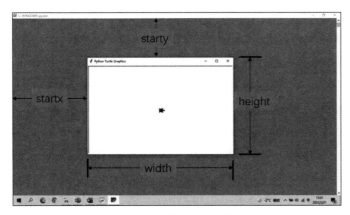

图 6-38　setup 函数的 4 个参数及作用

省略 4 个参数时,系统按默认的宽度(800 像素)和高度(600 像素)把窗体置于屏幕中央的位置。如果 width、height 指定的值是整数,就表示像素值;如果是小数,则表示窗口尺寸与计算机屏幕尺寸的比例。若省略参数 startx,则水平居中,若省略参数 starty,则垂直居中。

(2) 画笔状态函数。

turtle 库的 14 个常用画笔状态函数如表 6-3 所示。

表 6-3　turtle 库的 14 个常用画笔状态函数

序号	函　数	功　能	说　明
1	pendown()	放下画笔	只有放下画笔时,画笔移动才画图;抬起画笔时,画笔移动不画图
2	penup()	抬起画笔	
3	pensize(n)	指定画笔宽度	单位为像素
4	pencolor(c)	指定画笔颜色	可以使用颜色字符串或(r,g,b)值
5	color(c1,c2)	指定画笔和填充颜色	
6	fillcolor(c)	指定填充颜色	
7	begin_fill()	开始填充	
8	end_fill()	结束填充	
9	clear()	清空绘图窗体的内容	不改变画笔位置和状态
10	reset()	重置绘图窗体	恢复画笔默认设置
11	hideturtle()	隐藏画笔图标	默认图标是箭头
12	showturtle()	显示画笔图标	

续表

序号	函　　数	功　　能	说　　明
13	isvisible()	判断画笔图标是否可见	
14	write(str,font="")	按照 font 指定格式输出 str	str 是要输出的内容,font 是一个三元组 (fontname, fontsize, fonttype)

（3）画笔运动函数。

turtle 绘图通过画笔运动实现。turtle 的 9 个常用画笔移动函数如表 6-4 所示。

表 6-4　turtle 的 9 个常用画笔运动函数

序号	函　　数	功　　能	说　　明
1	forward(d)	向前移动 d 的距离	函数别名是 fd
2	backward(d)	向后移动 d 的距离	函数别名 bk
3	right(n)	向右旋转 $n°$	
4	left(n)	向左旋转 $n°$	
5	goto(x,y)	移动到绝对坐标(x,y)处	
6	setheading(n)	设置朝向为 n 的角度	
7	circle(r,a,n)	画半径为 r 的圆、弧或正多边形	r 为半径,a 为画弧的角度,n 为正多边形边数
8	dot(n,c)	绘制直径为 n,颜色为 c 的圆点	
9	speed(n)	设置画笔移动的速度	n 为 0～10 的值,0 为无动画,1 为最慢,3 为慢,6 为正常,10 为最快

使用 turtle 绘制图形的机制如下。

- 落下画笔时,移动画笔即开始绘制,抬起画笔时停止绘制。
- 使用 begin_fill 函数设置开始填充位置,使用 end_fill 函数设置结束填充位置,系统对两条语句之间所绘制图形的封闭部分使用指定填充色填充。

在一个窗口中绘制边长为 300 像素的正方形和等边三角形的程序示例如图 6-39 所示。

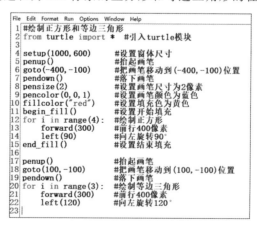

(a) 程序代码

图 6-39　绘制正方形和等边三角形程序代码及运行效果

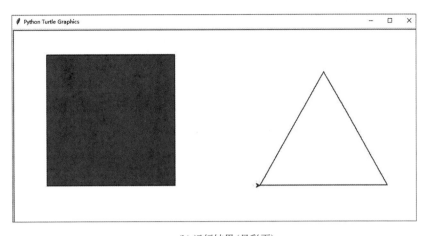

(b) 运行结果(见彩页)

图 6-39 （续）

在该程序中,第 2 行是引入 turtle 模块的语句。第 4 行使用 setup 函数把绘图窗体设置为宽为 1000,高为 600,单位为像素。第 5 行使用 penup 函数抬起了画笔。第 6 行使用 goto 函数把画笔移动到了坐标为(−400,−100)的位置,也就是绘制正方形的起始位置。第 7 行使用 pendown 函数落下了画笔。第 8 行使用 pensize 函数设置画笔宽度为 2 像素。第 9 行使用 pencolor 函数,通过设置 r、g、b 值的形式,把绘图颜色设置为蓝色。第 10 行使用 fillcolor 函数,通过设置颜色字符串的形式,把填充色设置为红色。第 11 行使用 begin_fill 函数设置了填充开始位置。第 12~14 行是一个 for 遍历循环,控制绘制边长为 300 的正方形。第 13 行使用 forward 函数绘制长为 300 的边,第 14 行使用 left 函数控制画笔向左旋转 90°。第 15 行使用 end_filll 函数结束了填充功能。很显然,填充针对的对象是刚刚绘制的正方形。第 17 行使用 penup 函数抬起了画笔。第 18 行使用 goto 函数把画笔移动到了坐标为(100,−100)的位置,也就是绘制三角形的起始位置。第 19 行使用 pendown 函数落下了画笔。第 20~22 行是一个 for 遍历循环,控制绘制边长为 300 的等边三角形。第 21 行使用 forward 函数绘制长为 300 的边,第 22 行使用 left 函数控制画笔向左旋转 120°。从程序的运行效果可以看出,正方形进行了填充,三角形没有填充,而且画笔是个可见的箭头形状。可以使用 shape("turtle")把画笔设置成小乌龟形状,视频 6.5.2.1 中有相关演示。

4.1 个程序设计实例——绘制复杂图形

【实例 6-2】 利用多模块技术编程实现,程序运行时提供图 6-40 所示的菜单样式。

扫一扫

图 6-40 【实例 6-2】菜单样式

程序运行时,用户从 4 个选项中选择。

① 选择 1 就随机绘制一个 10 条边以内的正多边形。

② 选择 2 就绘制 10 个使用随机颜色填充的圆组成的球。

③ 选择 3 就绘制一个带坐标轴的[−3π,+3π]之间的正弦函数曲线。

④ 选择 4 退出程序。

经过对问题的分析,确定了程序的结构如图 6-41 所示。把整个程序分解成了 main、draw 和 menu 3 个模块。其中,menu 模块只包含 showMenu 一个函数。draw 模块包含 main、drawPoly、drawMagicBall 和 drawSin 4 个函数。main 模块是整个程序的入口,它调用 draw 模块里的 main 函数。main 函数调用 menu 模块和 draw 模块里的 5 个函数。

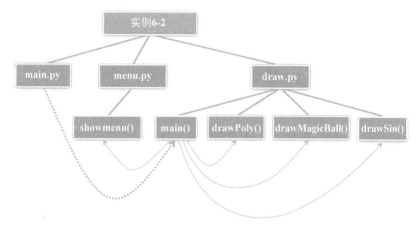

图 6-41 【例 6-2】的程序结构图

(1) main 模块的实现。

main 模块的完整程序代码如图 6-42 所示。它首先引入了 draw 模块,然后使用一个单路分支控制调用 draw 模块里的 main 函数来启动整个程序。

图 6-42 main 模块的程序代码

(2) menu 模块的实现。

menu 模块的完整程序代码如图 6-43 所示。其中,第 3 行引入了库模块 os。第 6~17 行定义了函数 showMenu,用来显示系统主菜单。第 16 行的作用是清屏,确保在输出系统主菜单前清除屏幕上原来显示的内容。

(3) draw 模块的实现。

draw 模块是这个程序功能的主体,共定义了 4 个函数,包含了 136 行代码。为了方便理解,程序在每条语句的后面都加了注释。程序开始部分是引入库模块 turtle、random、math、time 和自定义模块 menu 的语句,如图 6-44 所示。

定义 drawPoly 函数的代码,如图 6-45 所示。该函数是一个带默认值参数的函数,作用

File Edit Format Run Options Window Help

```
#生成系统菜单

import os

#定义显示系统主菜单函数
def showMenu():
    menuinfo = '''
=================系统主菜单=================
   1. 绘制正多边形
   2. 绘制魔幻彩球
   3. 绘制正弦曲线
   4. 退出系统
============================================
   请选择：   '''
    #输出菜单信息
    os.system("cls")
    print(menuinfo,end="")
```

图 6-43　menu 模块的程序代码

File Edit Format Run Options Window Help

```
#绘制图形模块

from turtle import *        #引入库模块turtle
from random import *        #引入库模块random
import math                 #引入库模块math
import time                 #引入库模块time
import menu                 #引入自定义模块menu
```

图 6-44　draw 模块中引入其他模块的语句

是绘制正 $n(3\leqslant n<10)$ 边形。第 11～12 行是个 if 分支，用来控制显示画笔的图标。第 13 行设置绘图速度为正常。第 14 行调用 clear 函数，清空绘图窗体。第 15 行指定了画笔宽度为 2 像素。第 16 行、第 17 行使用颜色字符串指定了画笔和填充颜色分别为黄色和红色。第 18 行和第 22 行设置了开始填充与结束填充的位置。第 19～21 行是一个遍历 for 循环，控制绘制正 n 边形。第 20 行用于画边，第 21 行用于向左旋转一个外角的度数。

```
 9 #定义画正n边形函数
10 def drawPoly(n=3):
11     if not isvisible():  #判断画笔图标是否不可见
12         showturtle()     #让画笔图标可见
13     speed(6)             #设置画图速度-正常
14     clear()              #清除原有的绘图
15     pensize(2)           #指定画笔宽度
16     pencolor("yellow")   #指定画笔颜色-黄色
17     fillcolor("red")     #指定填充颜色-红色
18     begin_fill()         #开始填充
19     for i in range(n):   #画n边形
20         fd(100)          #前行画边长100的边
21         left(180-((n-2)*180/n))  #向左旋转一个外角
22     end_fill()                   #结束填充
23
```

图 6-45　定义 drawPoly 函数的代码

定义 drawMagicBall 函数的代码如图 6-46 所示。该函数用来绘制由 10 个圆组成的彩色球。第 26～27 行是一个单路 if 分支，用于控制隐藏画笔图标。第 31～37 行是一个遍历 for 循环，控制绘制 10 个圆。第 32 行调用 random 函数随机产生 3 个 0～1 的小数，分别存到了变量 r、g、b 中。第 33 行把由 r、g、b 3 个变量组成的元组作为 fillcolor 函数的参数设置了绘图的填充色。由于每次循环 r、g、b 的值不尽相同，所以就出现了每次不尽相同的填

充色。第 35 行是画半径为 50 的圆。第 36 行是使用令画笔指向$(i+1)*36°$的方向,确保每次画圆的起始方向都比前一次向右偏转 $36°$,便形成了由 10 个拥有不尽相同填充色的圆围成的彩色球的视觉效果。

```
24 #定义画魔幻彩球函数
25 def drawMagicBall():
26     if isvisible():        #判断画笔图标是否可见
27         hideturtle()       #隐藏画笔图标
28     speed(6)               #设置画图速度-正常
29     clear()                #清除原有的绘图
30     pencolor("black")      #设置背景色-黑色
31     for i in range(10):    #重复画10个圆
32         r,g,b=random(),random(),random()  #产生随机颜色
33         fillcolor((r,g,b)) #设置画笔和填充颜色
34         begin_fill()       #开始填充
35         circle(50)         #画半径50的圆
36         setheading((i+1)*36)  #每次把朝向向右旋转36°
37         end_fill()         #结束填充
38
```

图 6-46   定义 drawMagicBall 函数的代码

定义 drawSin 函数的代码如图 6-47~图 6-49 所示。该函数的作用是用来绘制带坐标轴的-3π~$+3\pi$ 的正弦函数曲线。

```
39 #定义绘制带坐标轴的-3π至+3π之间的正弦函数曲线
40 def drawSin():
41     clear()                #清除原有的绘图
42     pencolor("blue")       #指定画笔颜色
43     speed(1)               #指定绘图速度
44     if not isvisible():    #判断画笔图标是否不可见
45         showturtle()       #让画笔图标可见
46
47     #画x轴
48     penup()                #抬起画笔停止画图
49     goto(-220, 0)          #移动到指定位置
50     pendown()              #落下画笔开始画图
51     goto(220, 0)           #移动到指定位置,画直线
52
53     #画x轴箭头
54     setheading(150)        #指定画笔朝向
55     forward(20)            #前行20,画直线
56     penup()                #抬起画笔停止画图
57     goto(220, 0)           #移动到指定位置
58     setheading(-150)       #指定画笔朝向
59     pendown()              #落下画笔开始画图
60     forward(20)            #前行20,画直线
61
62     #显示x
63     penup()                #抬起画笔停止画图
64     goto(225, 0)           #移动到指定位置
65     write('X',font=("Arial",18,"normal"))  #输出字母X,按指定字体和大小
66
```

图 6-47   定义 drawSin 函数的代码 1(

在图 6-47 的代码中,第 43 行指定了绘图速度为最慢。第 48~51 行是画 x 轴的代码,第 54~60 行控制画 x 轴的箭头。第 65 行使用 write 函数输出了“X”,该函数采用了按参数名进行传递的方式给参数 font 传递了数据,它的值是一个元组类型,分别用来指定字体、字号和字体样式。

在图 6-48 的代码中,第 68~85 行是画 y 轴的代码,第 88~95 行是绘制-3π~$+3\pi$ 正弦曲线的代码,这里 x=-175 代表-3π。第 92 和 95 行用到了这个关系,并使用正弦函数求解画笔的纵坐标。第 94~95 行通过遍历 for 循环,利用 goto 函数,每隔 1 个单位重复输出画笔经过的轨迹,就形成了正弦函数曲线。

```
67    #画y轴
68    penup()              #抬起画笔停止画图
69    goto(0, -100)        #移动到指定位置
70    pendown()            #落下画笔开始画图
71    goto(0, 100)         #移动到指定位置，画直线
72
73    #画y轴箭头
74    setheading(240)      #指定画笔朝向
75    forward(20)          #前行20，画直线
76    penup()              #抬起画笔停止画图
77    goto(0, 100)         #移动到指定位置
78    pendown()            #落下画笔开始画图
79    setheading(-60)      #指定画笔朝向
80    forward(20)          #前行20，画直线
81
82    #显示Y
83    penup()              #抬起画笔停止画图
84    goto(0, 110)         #移动到指定位置
85    write('Y',font=("Arial",18,"normal"))#输出字母Y，按指定字体和大小
86
87    #画正弦曲线
88    x=-175               #定义绘图起始横坐标x
89    pensize(2)           #指定画笔宽度-2
90    color('red')         #设置画图颜色-红色
91    penup()              #抬起画笔停止画图
92    goto(x, 50 * math.sin((x / 100) * 2 * math.pi)) #移动画笔到开始位置
93    pendown()            #落下画笔开始画图
94    for x in range(-175, 176):   #遍历循环，绘制-3π到+3π之间的曲线
95        goto(x, 50 * math.sin((x / 100) * 2 * math.pi))
96
```

图 6-48　定义 drawSin 函数的代码（2）

```
97     #将-2π的位置标示出来
98     pencolor(0.0,0.0,1)  #设置画笔颜色-蓝色
99     penup()              #抬起画笔停止画图
100    goto(-100, -20)      #移动画笔到指定位置
101    write('-2π')         #输出文字，按默认字体和大小
102
103    #将2π的位置标示出来
104    penup()              #抬起画笔停止画图
105    goto(100, -20)       #移动画笔到指定位置
106    write('2π')          #输出文字，按默认字体和大小
107
108    time.sleep(2)        #让程序终止执行2秒
109    reset()              #重置绘图窗体状态
110
111
```

图 6-49　定义 drawSin 函数的代码（3）

在图 6-49 的代码中，第 98～106 行的作用是在 x 轴上标注出了 -2π 和 2π 的位置。第 101 行和第 102 行调用 write 函数只提供了一个参数，这是允许的。此时，系统会按照默认的字体和大小输出。第 108 行调用了 time 模块的 sleep 函数，让程序暂停 2s，然后调用 reset 函数重置了画图窗口，恢复到了默认状态。

main 函数的定义如图 6-50 所示。它的函数体是一个双重无限 while 循环结构，外层控制用户可以反复操作，内层控制每次让用户在 1～4 进行选择。

其中，第 118～126 行是内层 while 循环，第 121～126 行是一个双路分支，控制对用户输入选项的合法性进行有效处理，类似的处理技巧在 5.2.3 节【实例 5-2】中介绍过。第 128～136 行是一个 if-elif-else 四路分支结构，前三路后面都是函数调用语句，控制用户选择一个选项时就调用相应的函数执行，最后一路是使用 input 函数控制闪屏问题，之后使用 break 语句退出外层循环。这里请注意，第 126 行的 break 语句用于控制结束内层循环。第 129 行中函数的实参是一个 3～10 的随机整数，用于控制绘制 3～10 条边的正多边形。有

关本程序的运行情况,视频中有详细演示。

```
112 #定义main函数
113 def main():
114     #无限循环,控制反复执行
115     while True:
116         menu.showMenu()  #函数调用,输出主菜单
117         #无限循环,控制输入选项
118         while True:
119             n=int(input())   #输入菜单选项
120             #判断选项的合法性
121             if n<1 or n>4:
122                 print("\n输入的选项不正确,请检查!")
123                 input("按回车继续...")
124                 menu.showMenu()
125             else:
126                 break      #退出内层循环
127         #四路分支结构,控制执行不同功能
128         if n==1:
129             drawPoly(randint(3,10))  #函数调用画正3~10边形
130         elif n==2:
131             drawMagicBall()         #函数调用画魔术球
132         elif n==3:
133             drawSin()               #函数调用画正弦曲线
134         else:
135             input("\n按回车键结束...")
136             break                   #结束外层循环
137
```

图 6-50　定义 main 函数的代码

既要掌握知识,更要掌握方法

通过上面的程序设计实例可以看到,面对复杂的问题处理,仅仅掌握零碎的知识是不够的。要真正实现复杂的程序设计,不仅需要对知识有全面的掌握,有透彻的理解,更要对问题进行系统的分析,找到利用掌握的知识解决问题的逻辑和方法。

6.6　习题与上机编程

一、单项选择题

1. 以下关于程序模块化的描述,错误的是_____。
   A) 模块化就是把一个大的问题化分成若干包
   B) 模块化有利于降低问题的复杂度
   C) 模块化可以实现代码重用
   D) 模块化可以实现多人并行开发

2. 以下关于函数定义的描述,错误的是_____。
   A) 函数的形式参数不是必需的
   B) return 语句既可以返回值,也可以结束函数执行
   C) 对于无返回值的函数,不可以输出它的结果
   D) 有返回值函数返回结果的类型是由 return 语句后面对象的类型确定的

3. 若有以下函数定义：

```
def f(a,b):
    return a + b
```

则以下说法中错误的是_____。

  A）函数的返回值可以是整数

  B）函数的返回值可以是小数

  C）函数的返回值可以是字符串

  D）函数返回值不可以是元组

4. 以下关于函数调用的描述，正确的是_____。

  A）一个模块内部的函数调用不需要引入

  B）每一个模块内部应该命名一个名字为 main 的函数

  C）默认情况下，任何模块之间都可以进行函数调用

  D）同级模块之间的函数不需要引入就可以调用

5. 若模块 m1 中有以下引入模块 m2 的语句：

```
import aa.m2
```

则下列_____是调用 m2 中函数 f 的正确格式。

  A）f()   B）m2.f()   C）aa.f()   D）aa.m2.f()

6. 若有：

```
def fun(a,b):
    print(a,b,end=',')
x=10;y=20
fun(x,y)
print(x,y)
```

则执行上述代码的输出结果是_____。

  A）10 20,10 20

  B）10 20

    10 20

  C）10 20,20 10

  D）10 2

    20 20

7. 若有：

```
def fun(a,b):
    print(a,b,end=',')
x=10;y=20
fun(b=x,a=y)
print(x,y)
```

则执行上述代码的输出结果是_____。

    A）10 20,10 20   B）10 20,20 10   C）20 10,20 10   D）20 10,10 20

8. 若有：

```
def fun(a,b=2):
    print(a,b,end=" ")
x=10;y=20
fun(y,x)
fun(b=1,a=2)
```

则执行上述代码的输出结果是_____。

    A）10 20 2 1   B）20 10 2 1   C）10 20 1 2   D）20 10 1 2

9. 若有：

```
def fun(a):
    a[1]+=1
    print(a)
x=[1,2,3]
fun(x)
print(x)
```

则执行上述代码的输出结果是_____。

    A）[1,2,3]   B）[1,2,3]   C）[1,3,3]   D）[1,3,3]
       [1,2,3]   [1,3,3]   [1,3,3]   [1,2,3]

10. 若有：

```
def f(a):
    if(a==1):
        return 1
    else:
        return 2*f(a-1)
```

那么执行 print(f(5)) 的结果是_____。

    A）10   B）20   C）16   D）32

11. 若有：

```
a=100
def f():
    a=200
    print(a,ern="")
print(a)
```

那么上述代码执行的结果是_____。

    A）100 100   B）100 200   C）200 100   D）200 200

12. 以下选项中，_____无法通过 time 块的 localtime 函数获取。

A) 年份 B) 星期 C) 是否闰年 D) 是否夏令时

13. 在 turtle 的直角坐标系中,默认情况下小海龟头的朝向是_____。

A) 朝东 B) 朝西 C) 朝南 D) 朝北

14. 以下有关 turtle 库中函数 left(a) 的说法,错误的是_____。

A) a 的单位是度 B) a 是小海龟头旋转的角度

C) a 的值可以是小数 D) a 为负数时向左旋转

15. 在 turtle 中,要使画笔移动速度最快,speed(a) 中参数 a 的值应该是_____。

A) 0 B) 1 C) 6 D) 10

二、 判断题

1. 一个复杂的 Python 程序是由包和模块组成的。 ( )

A) √ B) ×

2. 程序模块化有利于代码重用。 ( )

A) √ B) ×

3. 没有返回值的函数,其结果是 False。 ( )

A) √ B) ×

4. 函数定义里必须要有 return 语句。 ( )

A) √ B) ×

5. 空函数是没有函数体的函数。 ( )

A) √ B) ×

6. 默认情况下,一个模块不可以调用上级模块里的函数。 ( )

A) √ B) ×

7. 若实参是可变组合类型变量,那么对形参的修改不影响实参。 ( )

A) √ B) ×

8. 所有指定默认值的形参必须放到右侧。 ( )

A) √ B) ×

9. 在函数内部声明的变量不可以被其他函数访问。 ( )

A) √ B) ×

10. time 函数返回的结果单位是毫秒。 ( )

A) √ B) ×

三、 使用 IDLE 命令交互方式编程

1. 使用 time 库里的 localtime 函数,输出以下数据。

```
>>> from time import *
>>>t=localtime()
>>>##(1)输出"当前日期:**年**月**日"。
>>>
>>>##(2)输出"当前时间:**:**:**"。
>>>
>>>##(3)输出"今天是:星期**"。
>>>
```

2. 使用 turtle 库里的 forward(fd) 和 sethead(seth) 函数,绘制图 6-51 所示的边长为 200 的正三角形。

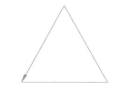

图 6-51　绘制三角形的效果简图

```
>>>import turtle as t
>>>
>>>
>>>
>>>
>>>
```

四、使用 IDLE 文件执行方式编程

1. 整数各位数字求和

(1) 题目内容：编写一个函数 sumDigits(n),求整数 n 各位数字的和。

要求：定义 main 函数,并通过 main 函数调用 sumDigits()函数。

(2) 输入格式：一个正整数.

(3) 输出格式：这个正整数所有数字之和.

(4) 输入样例。

123

(5) 输出样例。

6

2. 逆素数

(1) 题目内容：逆素数是一个将其逆向拼写后也是一个素数的非回文数。例如：17 和 71 都是素数,所以,17 和 71 都是逆素数。编写函数 isPrime(n) 和 printPrimes(n),前者用来判断 n 是否为素数,printPrimes(n)用来输出大于 n 的前 10 个逆素数。

(2) 输入格式：一个正整数。

(3) 输出格式：一行输出 10 个用空格隔开的逆素数。

(4) 输入样例。

12

(5) 输出样例。

13 17 31 37 71 73 79 97 107 113

3. 斐波那契序列

（1）题目内容：定义递归函数 fib(n) 返回斐波那契序列的第 n 项值。

要求：定义一个 main 函数，调用函数 fib(n)，实现相应功能，n 从键盘输入。

斐波那契序列的关系式如下：

$$\text{fib}(n) = \begin{cases} 1 & n==1 \text{ 或 } n==2 \\ \text{fib}(n-1) + \text{fib}(n-2) & n>2 \end{cases}$$

（2）输入格式：一个正整数。

（3）输出格式：一个正整数。

（4）输入样例。

8

（5）输出样例。

21

第7章

文件及其应用

本章学习目标

- 理解文件,文本文件,二进制文件,上下文管理器,读、写的概念
- 掌握文本文件打开与关闭的方法
- 掌握上下文管理器的使用方法
- 熟练掌握文本文件读写操作函数及使用方法

前面 6 章研究的程序,数据都存储在内存中,无法长久保存。要想长久保存程序中的数据,就要借助文件实现。本章研究使用文件及其应用问题。主要介绍文件的概念与分类、文件的打开与关闭、使用上下文管理器、文本文件的读写操作以及两个程序设计实例。

扫一扫

 文件基本知识

7.1.1 文件概述

1. 文件的概念

目前,所有程序的数据都存储在内存中。保存在内存中的数据,程序运行结束时系统会自动释放,若发生掉电、关机等情况,数据就会丢失,无法长久保存。为了长久保存数据,就要借助文件实现。

文件是存储在外存储器上的相关数据的集合。常见的外存储器有硬盘、移动硬盘、U盘、光盘、SD 卡等,如图 7-1 所示。

引入文件除了可以长久地保留数据外,还可以解决大数据量程序运行的问题。有些程序要处理的数据量很大,难以一次性全部存储到内存。为确保程序的运行,必须借助文件来

完成部分地读取和写入数据工作。

图 7-1 常见的外存储器

2. 文件的分类

按照数据的存储方式不同,文件分为文本文件和二进制文件两类。

文本文件是最常用的文件类型,它里面的数据按照特定的编码保存,Python 默认的编码是 UTF-8。文本类文件具有很好的跨平台性,使用任意的字处理软件,比如 Windows 自带的记事本、写字板等就可以查看其内容。

二进制文件里的数据以字节码的形式保存,没有统一编码,不可以使用字处理软件查看其内容。

Python 的源程序文件就是文本文件,而经过编译生成的程序文件是二进制文件,使用记事本打开 Python 源程序文件和编译后的程序文件的情况如图 7-2 所示。

(a) 文本文件　　　　　　　　　　　　　　(b) 二进制文件

图 7-2 使用记事本打开的文本文件和二进制文件

3. 文件名

文件之间通过文件名加以识别。文件名包含主文件名和扩展名两部分。主文件名一般表示用途,扩展名表示类型,两者有一个不同就是不同的文件名。扩展名是由西文句点(.)后跟 1 个或多个字母组成。通常情况下,Windows 系统下的不同扩展名的文件图标不同。文本文件的默认扩展名是.txt。

Windows 10 系统下几个不同文件扩展名及对应图标的情况如图 7-3 所示。

图 7-3 Windows 10 系统下几个不同文件扩展名及其对应图标

4. 文件路径

要对文件进行操作，除了需要知道文件名，还必须知道文件的路径。路径是文件的存储位置信息。路径包括绝对路径和相对路径。

绝对路径是把根目录到文件所在位置的所有目录名使用 \\连接起来的字符串。根目录使用盘符后跟冒号表示。

相对路径是把当前位置到文件所在位置的所有目录名使用\\连接起来的字符串。当前位置用西文句点(.)表示。

假设文件的存储结构如图 7-4 所示。那么，文件 data1.txt 的绝对路径是"D:\\1\\a"。若当前位置是文件 prg1.py 所在的位置，那么文件 data2.txt 的相对路径是".\\c"。

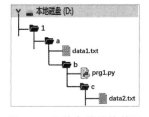

图 7-4　文件存储结构简图

5. 文件的两种操作

对文件的操作包括读操作和写操作两种方式。前者是把文件中的数据读取到内存中，后者是把内存中的数据写入到文件中。文件的类型不同，打开文件的方式不同，操作文件的方法也不同。

本书只讨论对文本文件的操作。

7.1.2　文件的打开与关闭

对文件进行操作之前，必须先打开文件，操作完毕之后必须关闭文件。

1. 打开文件

打开文件使用内置函数 open 实现。该函数调用的一般格式如下。

文件变量名 = open("文件信息字符串", "模式字符串")

其中，文件信息字符串由路径后跟文件名组成，用于指定要打开的文件信息。路径可以是绝对路径，也可以是相对路径。当程序文件和数据文件位于同一目录时，可以省略路径，只写文件名。模式字符串用于指定对文件实施操作的方式。常用文本文件模式字符串及作用如表 7-1 所示。

表 7-1　常用文本文件模式字符串及作用

模式字符串	作　　用
'r'	以只读方式打开文件，若文件不存在，则发生错误
'w'	以写方式打开文件，若文件不存在，就创建，若存在，就覆盖其内容
'a'	以追加写方式打开文件，若文件不存在，就创建；若存在，则把内容追加到原来的内容后面
'+'	跟在上面 3 个字母 r、w、a 后面，同时具有读写功能

打开文本文件的几个示例如表 7-2 所示。

表 7-2　打开文件的几个示例

打开文件的语句	作　用
f＝open("D:\\myData\\info.txt","r")	以只读方式打开了 D 盘下的 myData 目录下的 info.txt 文件
f＝open(".\\aa\\info.txt","w")	以只写方式打开了当前目录下的 aa 目录下的 info.txt 文件
f＝open("info.txt","a")	以追加写方式打开了当前目录下的 info.txt 文件
f＝open("info.txt","r＋")	以读写方式打开了当前目录下的 info.txt 文件

2. 关闭文件

关闭文件使用内置方法 close 实现。该方法调用的一般格式如下。

文件变量名.close()

如果要关闭表 7-2 中打开的文件,可以使用 f.close()完成。

7.2　文本文件的操作

扫一扫

7.2.1　文本文件写操作

文本文件的写操作通过文件对象的 write 方法实现。其调用格式如下。

文件变量名.write(字符串对象)

该方法的作用是把字符串对象的内容写入到文件变量指向的文件中。
文本文件写操作的程序示例如图 7-5 所示。

```
File Edit Format Run Options Window Help
1  #对文本文件写操作
2
3  import time #引入time模块
4
5  t = time.localtime()    #获取当前时间
6
7  #构造时间字符串strt
8  strt = str(t[3])+"时"+str(t[4])+"分"+str(t[5])+"秒"
9
10 f = open("date.txt","a")    #以追加写方式打开文件
11 f.write("当前时间是:")        #写入数据-串常量
12 f.write(strt)                #写入数据-串变量
13
14 f.close()                   #关闭文件
15
```

图 7-5　文本文件写操作的程序示例

在该程序中,第 5 行和第 6 行使用了 6.5.1 节【实例 6-1】中介绍的方法,获取了当前时区的时间,并重构了由时、分、秒组成的时间字符串 strt。第 10 行以写的方式打开了文件 date.txt,并令变量 f 指向了这个文件。由于这里没有指定路径,所以该文件和程序文件处在同一位置。第 11 行调用 f 的 write 方法,向文件 date.txt 中写入数据,它的参数是字符串常量"当

前的时间是：”。第 12 行再次调用 *f* 的 write 方法向文件 date.txt 中写入数据，它的参数是字符串变量 strt。第 14 行调用 *f* 的 close 方法关闭了文件 date.txt。

程序运行前后文件的变化情况如图 7-6 所示。其中，图 7-6(a)是程序运行前的状态，目录中只有一个程序文件 writeFile.py。图 7-6(b)是程序运行后的状态，目录中除了程序文件 writeFile.py 外，增加了 date.txt。这说明，当使用"w""a""w+""a+"方式打开文件写数据时，若文件不存在，就创建该文件。

(a) 程序运行前

(b) 程序运行后

图 7-6　程序运行前后的文件情况

以"w"方式运行程序 date.txt 文件中的数据情况如图 7-7 所示。其中，图 7-7(a)、图 7-7(b)分别是第 1 次、第 2 次运行后的情况。对比数据不难看出，使用"w"方式打开文件写数据时，文件中原有的数据被覆盖。

(a) 第1次运行后

(b) 第2次运行后

图 7-7　以"w"方式运行程序文件"date.txt"中的数据情况

如果把图 7-5 第 10 行中打开文件的方式由"w"改成"a"，程序运行后 date.txt 文件中的数据情况如图 7-8 所示。其中，图 7-8(a)、图 7-8(b)分别是程序运行前和运行后的数据情况。对比数据可以看出，使用"a"方式打开文件写数据时，文件中原有的数据被保留，新的数据追加到了原有数据的后面。

(a) 程序运行前

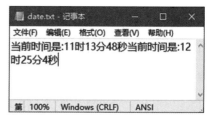
(b) 程序运行后

图 7-8　以"a"方式运行程序文件"date.txt"中的数据情况

需要注意的是,对文本文件实施写操作只能针对字符串数据类型,对其他类型的数据执行写操作会引发运行错误。

因数据类型不正确引发程序运行出错的程序示例如图 7-9 所示。

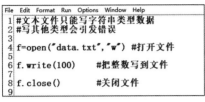

(a) 程序代码

```
Traceback (most recent call last):
  File "E:\pyPrg\7-9.py", line 6, in <module>
    f.write(100)      #把整数写到文件
TypeError: write() argument must be str, not int
>>> |
```

(b) 运行效果

图 7-9　数据类型不正确引发程序错误的程序示例

在该程序中,第 6 行试图把整数 100 写入到文件,运行程序时引发了错误,系统提示 write 的参数必须是字符串,而不能是整数。

7.2.2　文本文件读操作

文本文件的读操作通过文件对象的 4 个内置方法 read、readline、readlines 和 seek 实现。

（1）read 方法。

read 方法的调用格式如下。

文件变量名.read(n)

该方法的作用是返回从文件变量名指向的文件中读取 n 个字符组成的字符串。若省略 n,则读取文件的全部内容。

（2）readline 方法。

readline 方法的调用格式如下。

文件变量名.readline(n)

该方法的作用是返回从文件变量名指向的文件当前行读取 n 个字符组成的字符串。若省略 n,则读取当前行的全部内容。

（3）readlines 方法。

readlines 方法的调用格式如下。

文件变量名.readlines()

该方法的作用是返回从文件变量名指向的文件中读取所有行组成的列表。列表中的每个元素对应文件中的一行内容,类型是字符串。

（4）seek 方法。

seek 方法的调用格式如下。

文件变量名.seek(k)

该方法的作用是改变文件指针的位置。若 $k=0$,则表示文件开始位置;若 $k=2$,则表示文件结束位置。

假设使用记事本打开了文本文件 courses.txt,如图 7-10 所示。该文件存了 4 门课程的名字,每门课程单独占 1 行,前 3 行的末尾各有一个换行字符("\n"),第 4 行没有。

图 7-10　courses.txt 文件中的内容

使用前面介绍的 4 个方法读取文件 courses.txt 中数据的程序示例,如图 7-11 所示。

```
1 #读文本文件例子
2
3 f=open("courses.txt","r")  #以读模式打开文件
4
5 print(f.read(3)) #读取第一行前3个字符
6
7 print(f.read())  #读取第4个字符后的所有内容
8
9 f.seek(0)      #令文件读写指针回到文件开头
10
11 print(f.readlines()) #读取所有行,形成一个列表
12
13 f.seek(0)       #令文件读写指针回到文件开头
14
15 print(f.readline()) #读取第一行
16
17 print(f.readline(2))  #读第二行前两个字符
18
```

```
C语言
程序设计
C++程序设计
C#程序设计
Python程序设计

['C语言程序设计\n', 'C++程序设计\n',
'C#程序设计\n', 'Python程序设计\n']
C语言程序设计

C+
>>>
```

(a) 程序代码　　　　　　　　　　　　　(b) 运行效果

图 7-11　读取文件中数据的程序示例

在该程序中,第 3 行是以读("r")的方式打开文件的语句。第 5 行调用了 read 方法,参数为 3,读取的是文件开头的 3 个字符,所以输出结果是"C 语言"。第 7 行也调用了 read 方法,且未带参数,读取的是从当前位置,也就是第 4 个字符的位置开始一直到文件末尾的所有内容,所以输出结果是"程序设计"一直到文件结束的所有内容。第 9 行调用 seek 方法,参数是 0,把文件指针从文件尾定位到了开头位置。第 11 行调用 readlines 方法,读取了文件的所有内容,它是一个含 4 个元素的元组,每个元素是一个字符串对应文件的一行内容。前 3 个元素最后一个都是换行字符"\n"。第 13 行再次调用 seek 方法,把文件指针从文件尾定位到了开头位置。第 15 行调用了 readline 方法,且未带参数,读取了第 1 行的全部内容,所以输出的结果是"C 语言程序设计\n"。第 17 行再次调用 readline 方法,参数为 2,读取了第 2 行的前 2 个字符,所以输出的结果是"C＋"。该程序的执行情况,视频 7.2 中进行了演示。

在实际编程时,文件可以看作是由行组成的序列进行遍历操作,实现逐行获取数据。遍历文本文件内容的程序示例如图 7-12 所示。

在该程序里,第 3 行以只读方式打开了文本文件 courses.txt。第 5～6 行是遍历文件的语句。从程序的运行结果可以看出,line 每次读取了 f 中的一行数据。

```
File Edit Format Run Options Window Help
1 #遍历文本文件例子
2 #以读模式打开文件
3 f=open("courses.txt","r")
4
5 for line in f:   #遍历文件
6     print(line)
7
8
```

(a) 程序代码

```
C语言程序设计

C++程序设计

C#程序设计

Python程序设计

>>> |
```

(b) 运行效果

图 7-12　遍历文本文件内容的程序示例

7.3　文本文件应用实例

7.3.1　文件上下文管理器

文件操作之前必须先打开,操作完成后一定要关闭,因为一旦发生忘记关闭文件的情况,就可能引发数据丢失的后果。为了避免这一问题,Python 提供了上下文管理器,用于设置文件的作用范围,当离开该范围时,系统会自动关闭文件。

使用上下文管理器的语法格式如下。

```
with  open("文件信息", "模式")  as  文件变量名:
    语句块
```

在上面的语句中,with 是 Python 的关键字。其后面的语句块是对文件实施操作的部分,也是文件的有效范围。当离开该语句块时,系统会自动关闭文件。

假设使用记事本打开的文本文件 scores.txt,如图 7-13 所示。该文件存了 3 行数据,每行是使用逗号隔开的 3 个整数。

scores.txt

(a) 文件图标

```
scores.txt - 记事本            —    □    ×
文件(F)  编辑(E)  格式(O)  查看(V)  帮助(H)
78,66,87
92,89,78
77,98,92
第 100%   Windows (CRLF)    UTF-8
```

(b) 文件内容

图 7-13　文本文件 scores.txt 的图标及内容

使用文件上下文管理器遍历文件 scores.txt 的程序示例如图 7-14 所示。

在该程序中,第 4～8 行是设置上下文管理器的语句,以只读("r")方式打开了文件 scores.txt。第 6～8 行是遍历该文件的语句。第 8 行调用了 2.4.3 节介绍的字符串 strip 方法删除了 line 末尾的换行字符("\n"),所以输出的结果与文件中的内容和格式均保持了一致。

```
File  Edit  Format  Run  Options  Window  Help
1  #使用上下文管理器
2
3  #设置文件上下文
4  with open("scores.txt","r") as f:
5      #遍历文件
6      for line in f:
7          #删除行末尾的换行字符输出
8          print(line.strip('\n'))
9
```

```
78,66,87
92,89,78
77,98,92
>>> |
```

(a) 程序代码　　　　　　　(b) 运行效果

图 7-14　使用上下文管理器遍历 scores.txt 文件的程序示例

7.3.2　2 个程序设计实例

1. 绘制心电图

【实例 7-1】　文件 heartRates.txt 中存储了 105 个使用 Tab 字符隔开的心率数据(所有数据占一行),如图 7-15 所示。要求使用文件中的数据绘制心电图。

文件(F)	编辑(E)	格式(O)	查看(V)	帮助(H)	
10	23	25	23	22	23
24	22	23	24	93	-89
23	40	60	70	80	50
30	20	13	20	22	24
23	22	21	25	23	24
93	-85	23	45	62	74
82	45	28	20	15	20
22	24	23	22	21	25
23	24	91	-82	23	45
62	74	82	45	28	20
10	23	25	23	22	

图 7-15　文件 heartRates.txt 的内容

经过分析,确定了问题解决思路:因为文件 heartRates.txt 里存了一行共 105 个使用 Tab 字符隔开的数据,所以可以使用 read 或 readline 方法读取数据,结果是一个字符串,把它存到变量 data 中。为了防止该串的末尾有换行字符("\n"),可以使用字符串的 strip 方法删除末尾的换行符。之后使用字符串分离方法 split 把 data 转换成含 105 个子串的列表,存到变量 list 中,每一个子串对应文件里的一个数据。然后建一个空列表 posy,遍历 list,把 list 的每一个元素转换成整数后加入到 posy 中。最后调用 turtle 库的 goto 函数,按横坐标取 $x+i*10$,纵坐标取 posy$[i]$,移动画笔 105 次即可得到心电图。这里 x 是绘图开始点的横坐标,i 是 posy 中元素的序号。

依据上述思路确定了程序的数据结构,如表 7-3 所示。

表 7-3　【实例 7-1】数据结构信息

变　量　名	数据类型	作　用
data	string	存储读取的文件内容
list	list	存由 data 分离出来的元素
posy	list	存 list 中转换成整数的元素
l	string	用于遍历列表 list
i	int	遍历列表 posy

程序的算法流程图如图 7-16 所示。

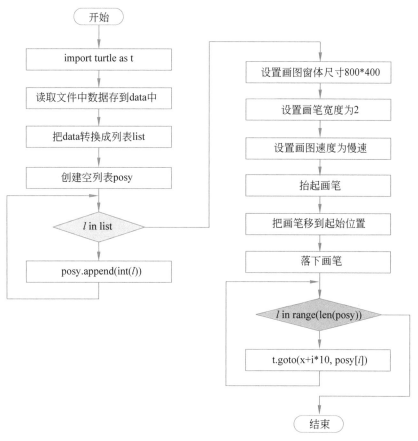

图 7-16 【实例 7-1】的算法流程图

程序的完整代码和运行效果如图 7-17 所示。

(a) 程序代码

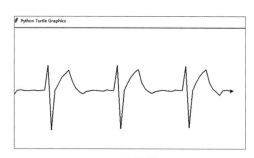

(b) 运行效果

图 7-17 【实例 7-1】的程序代码和运行效果

这个程序综合应用了文件操作和 6.5.2 节介绍的 turtle 库知识。在该程序中，第 3 行是

引入 turtle 模块的语句。第 6 行使用上下文管理器,以只读方式打开了文件 heartRates.txt。第 8～13 行是该文件的作用范围,当第 13 行执行完毕时,文件会自动关闭。第 8 行调用 read 方法和 strip 方法把从文件中读取数据末尾的换行字符("\n")去掉,把结果存到了 data 中。第 9 行调用字符串的 split 方法,以 Tab 字符为分离条件,把 data 中的数据进行分离,结果存到了 list 中。这里用到了 2.4.1 节介绍的转义字符表示方法。第 10 行创建了空列表 posy。第 12～13 行是遍历循环结构,控制把列表 list 中的每个元素转换成整数后追加到 posy 中,这里用到了 2.2.2 节中介绍的数据转换函数 int 和 5.2.2 节介绍的列表追加方法 append。第 16～25 行是绘制心电图的代码。第 16 行调用 setup 函数设置了窗体的宽度为 800 像素、高度为 400 像素。第 17 行调用 pensize 函数设置了画笔的宽度为 2 像素。第 18 行调用 speed 函数设置了画笔移动的速度为慢速。第 19 行调用 penup 函数抬起了画笔。第 20 行设置了画图起始点的横坐标为－400 像素,也就是窗体的左边缘位置。第 21 行调用 goto 函数,把画笔移到了绘图的起始位置。第 23 行调用 pendown 函数落下画笔。第 24 和第 25 行是遍历循环结构,也是绘制心电图的核心部分,控制横坐标以 10 个像素为间隔,以 posy[i] 为纵坐标,调用 goto 函数移动画笔 105 次,便生成了心电图。第 27 行里的 done 函数之前没有介绍,它的作用是保证绘图结束时绘图窗口保持打开状态。

本程序的运行情况,视频 7.3 中有详细演示。

2. 用户注册与登录

【实例 7-2】 利用多函数编程实现,程序运行时生成图 7-18 所示的菜单样式。

用户可以反复选择,若选择 1,就把用户输入的用户名和密码存储到文件 user.txt 里;若选择 2,就提示用户输入用户名和密码,如果输入的内容和注册时保存的信息一致,就输出登录成功的信息,否则就提示输入的信息不正确,让用户重新输入。若按下 Ctrl＋C 键,就退出程序。

图 7-18 【实例 7-2】生成的菜单样式

提示:按下 Ctrl＋C 键会引发名字为"KeyboardInterrupt"的异常。

经过分析,确定了程序的功能结构,如图 7-19 所示。把该程序的功能分解为 4 个函数——showMenu 函数实现显示系统菜单和接收用户的选择;register 函数实现用户注册;login 函数实现用户登录;main 函数用于启动整个程序。main 函数调用 showMenu,showMenu 函数调用 register 函数和 login 函数。

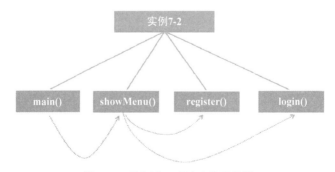

图 7-19 【实例 7-2】的功能结构图

程序的完整代码如图7-20～图7-22所示。在图7-20所示的代码中,第3行和第4行分别引入了库模块os和time。第7～16行是regiser函数的定义部分。第8～9行用于提示并接收用户输入的用户名和密码。第11～14行是先使用上下文管理器以覆盖写("w")方式打开了文件user.txt,然后把用户输入的用户名和密码分成两行写入到了文件中。第16行调用了time模块的sleep函数,让程序暂停执行2秒。

```
File  Edit  Format  Run  Options  Window  Help
1  ##用户注册与登录程序
2
3  import os      #引入os模块
4  import time    #引入time模块
5
6  #定义注册函数
7  def register():
8      uname=input("\n请输入用户名: ")
9      upw  =input("请输入密码: ")
10     #使用上下文管理器打开文件
11     with open("user.txt","w") as f:
12         f.write(uname)    #写入用户名
13         f.write("\n")     #写入换行符
14         f.write(upw)      #写入密码
15     print("\n>>>>>数据成功保存>>>>>")
16     time.sleep(2)   #延迟2秒
17
```

图7-20 【实例7-2】的程序代码(1)

在图7-21所示的代码中,第19～35行是login函数的定义部分。第21～35行是它的函数体,是一个无限while循环,控制用户反复输入用户名和密码,直到成功登录为止。第22行和第23行分别提示并接收用户输入的用户名和密码。第25～28行是使用一般格式打开文件和读取数据的代码。其中,第26～27行分别通过readline方法从文件中各读取了一行数据,并通过strip方法删除末尾的换行符("\n")。第28行是关闭文件的语句,这条语句是必须要有的。第30～35行是一个双路分支,用于控制当用户输入的名字和密码与从文件中读取的一致时就执行第31～33行,先输出登录成功的信息,之后让程序暂停2秒,然后执行break语句退出循环。如果用户输入的名字和密码与从文件中读取的不一致时,就执行第35行,输出"用户名或密码不正确,请重新输入!"的信息,之后返回第21行继续执行。

```
18  #定义登录函数
19  def login():
20      #无限循环控制登录
21      while True:
22          uname=input("\n请输入用户名: ")
23          upw  =input("请输入密码: ")
24          #打开文件
25          f=open("user.txt","r")
26          name=f.readline().strip("\n")   #读取第一行
27          pw=f.readline().strip("\n")     #读取第二行
28          f.close()     #关闭文件
29          #双路分支控制登录
30          if uname==name and upw==pw:
31              print("\n\^o^/\^o^/登录成功! \^o^/\^o^/")
32              time.sleep(2)   #延迟2秒
33              break
34          else:
35              print("\n用户名或密码不正确,请重新输入!\n")
36
```

图7-21 【实例7-2】的程序代码(2)

在图 7-22 所示的代码中,第 38～61 行是 showMenu 函数的定义部分。第 40～61 行是它的函数体,是一个无限 while 循环,第 42～61 行是它的循环体,是一个异常处理结构,用于控制用户可以反复执行选择操作,当按下 Ctrl＋C 键时,通过引发"KeyboardInterrupt"异常来控制退出循环。类似的处理技巧在 6.5.1 节【实例 6-1】中已介绍过,这里不再赘述。第 55～58 行是一个双路分支,用于控制当用户选择 1 时就调用 regiter 函数执行注册功能;当选择 2 时就调用 login 函数执行登录功能。第 64～65 行是 main 函数的定义部分,通过 main 函数调用 showMenu 函数。第 68～69 行是一个单路分支,控制执行 main 函数来启动整个程序。

```
File  Edit  Format  Run  Options  Window  Help
36
37  #定义显示菜单函数
38  def showMenu():
39      #无限循环控制反复显示菜单
40      while True:
41          #引入异常处理机制
42          try:
43              #定义多行菜单信息串
44              menuMsg='''
45              ==============系统主菜单============
46              *   1. 用户注册
47              *-----------
48              *   2. 用户登录
49              ====================================
50              请选择(按ctrl+c键结束):   '''
51              os.system("cls")    #清屏
52              print(menuMsg,end='')
53              n=eval(input())     #接收输入的选项
54              #双路分支控制调用相应功能
55              if n==1:
56                  register()
57              else:
58                  login()
59          except KeyboardInterrupt:
60              input("\n\n>>>>>>>按回车键结束...")  #防止闪屏
61              break            #结束循环
62
63  #定义main函数
64  def main():
65      showMenu()
66
67  #调用main函数启动程序
68  if __name__=='__main__':
69      main()
```

图 7-22 【实例 7-2】的程序代码(3)

本程序的运行情况,视频 7.3 中有详细演示。

▶▶▶发奋学习,奉献国家

人们日常的学习就如同文件的写操作,是把学习到的知识、技能、经验一并存储到大脑的过程。工作时,就如同文件的读操作,需要利用所掌握的知识、技能去攻克难关,解决问题,以服务国家和社会。在读与写的两个环节中,写是读的基础,它决定着读的广度、维度和深度,进而决定了攻克难关、解决现实问题的高度和质量。所以,一定要珍惜时光,发奋学习,把写操作的过程做扎实、做深入、做充分,为更好地服务国家建设储备力量。

7.4 习题与上机编程

一、单项选择题

1. 以下关于文件的描述,错误的是_____。

    A) 文件是存储在外存储器上的数据集合

    B) 文件里的数据可以永久保存

    C) 文件里的数据永远也不会损坏

    D) 文件有文本文件和二进制文件两种类型

2. 以下不可以用于打开文本文件的选项是_____。

    A) "rb"   B) "r+"   C) "a"   D) "w+"

3. 要把文件指针置于文件开头,seek(k)方法中 k 的值应该是_____。

    A) -1   B) 0   C) 1   D) 2

4. 以下方法的返回结果是列表类型的是_____。

    A) read(n)   B) readline(n)   C) readlines()   D) read()

5. 假设文件 info.txt 的内容为"China",对于以下代码:

```
f=fopen("info,txt","w")
f.write(14)
```

以下说法正确的是_____。

    A) 程序运行出错

    B) 程序正常运行,文件的内容变为"14"

    C) 程序正常运行,文件的内容变为"14China"

    D) 程序正常运行,文件的内容变为"China14"

6. 若文件 info.txt 的内容如下:

```
第 22 届冬奥会
China
北京 2022
```

则执行下列代码的输出结果是_____。

```
f=fopen("info,txt","r")
f.readline(4)
print(f.readline())
```

    A) 第 22 届冬奥会   B) 冬奥会

    C) China   D) 北京 2022

7. 若文件 info.txt 为"China,对于以下代码:

```
f=fopen("info,txt","a")
```

```
f.write("加油!")
f.close()
```

以下说法正确的是_____。

A）程序运行出错

B）程序正常运行，文件的内容变为"加油!"

C）程序正常运行，文件的内容变为"加油! China"

D）程序正常运行，文件的内容变为"China 加油!"

8. 以下关于文件上下文管理器的说法错误的是_____。

A）上下文管理器以关键字 with 开头

B）with 与 as 之间是 open 语句

C）as 后面是文件名

D）使用上下文管理器可以设置文件的作用范围

二、判断题

1. 二进制文件里存放的是字节码。　　　　　　　　　　　　　　　　　　（　　）

A）√　　　　　　　　　　B）×

2. 文件的绝对路径是基于磁盘根目录的。　　　　　　　　　　　　　　　（　　）

A）√　　　　　　　　　　B）×

3. 使用"r"模式打开文本文件时，若文件不存在就创建文件。　　　　　　（　　）

A）√　　　　　　　　　　B）×

4. 文本文件的 write 方法可以写入任意类型的数据。　　　　　　　　　　（　　）

A）√　　　　　　　　　　B）×

5. 文本文件的 read 方法可以不带参数。　　　　　　　　　　　　　　　（　　）

A）√　　　　　　　　　　B）×

三、使用 IDLE 文件执行方式编程

1. 成绩统计问题

（1）题目内容：文件 scores.txt 里面存储了若干人的单科考试成绩（使用逗号隔开）。编程实现，从文件 scores.txt 里读取成绩，统计高于平均成绩的人数，并输出。

要求：定义两个函数 main 和 countNmu(s)。countNmu(s)函数实现统计和返回高于平均分的人数，main 函数负责读取文件中的数据，把读取的数据通过参数 s 传递给函数 countNmu(s)，统计输出总人数、平均分和高于平均分的人数。

（2）文件 scores.txt 里的数据。

```
76,87,78
67,81,92
```

（3）输出格式。

```
总人数是:6
平均分是:80.2
高于平均分的人数是:3
```

2. 处理选票问题

（1）题目内容：某公司举行"最美员工"年度评选，共提名 5 名候选人，编号分别是 A、B、C、D、E。要从中选出一人作为最终人选。现已组织了网上投票，投票结果存放在文本文件 votes.txt 里，数据存储格式如下。

```
1,0,0,0,0
0,1,0,0,0
1,0,1,0,0
...
```

其中，每一行数据代表一张选票，每一列自左向右分别代表 A、B、C、D、E 五位候选人的获选情况，若数据为 1，表示获选，数据为 0，表示未获选。很显然，每一列数字的和就是该位候选人的得票数。编程实现，从文件 votes.txt 里读取数据，统计输出当选的选手信息。

要求：定义两个函数 main 和 countVotes(v)。countVotes(v) 函数实现统计选票和输出统计结果。main 函数负责读取文件中的数据，把读取的数据作为参数传递给函数 countVotes(v)。

（2）文件 votes.txt 里的数据。

```
1,0,0,0,0
0,0,0,1,0
0,0,1,0,0
0,0,1,0,0
0,0,1,0,0
0,0,1,0,0
0,1,0,0,0
1,0,0,0,0
0,0,0,0,1
```

（3）输出格式。

```
选票总数:9
当 选 者:C
获得选票:4
```

3. 图形绘制问题

若有文本文件 data.txt 存放了某公司连续 3 年的收入情况，内容如下。

```
2019年:150万
2020年:120万
2021年:180万
```

编程实现，利用文件中的数据绘制如图 7-23 所示的 3 年收入情况的数据曲线，并在曲线旁标注相关数据。

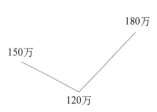

图 7-23　程序输出图形样例

第8章 使用第三方库

本章学习目标

- 理解第三方库、程序打包、分词、词云的概念
- 掌握使用 pip 工具管理第三方库的方法
- 掌握使用 pyinstaller 库打包程序的方法
- 熟悉使用 jieba 库切分文本和使用 wordcloud 生成词云的方法

本章研究第三方库的下载、安装和使用方法。主要介绍使用 pip 工具管理第三方库、pyinstaller 库、jieba 库和 wordcloud 库。

扫一扫

8.1 使用 pip 工具管理第三方库

1. pip 简介

第三方库也叫作扩展库，它不是 Python 自带的，而是由第三方提供的。第三方库需要单独下载和安装后才可以使用。

目前，已经发布的 Python 第三方库有 15 万个之多，为 Python 的性能扩展提供了强有力的技术支持。

pip 是 Python 提供的一个内置命令，专门用于对第三方库进行管理。通过它可以非常容易地完成第三方库的下载、安装、卸载等一系列操作。

使用 pip 工具管理第三方库的前提是计算机可以联网，而且对网速也有一定要求，因为所有的第三方库必须通过互联网远程下载到本机安装。

pip 不可以在 IDLE 环境下使用，必须在操作系统的命令窗口中使用。打开命令窗口的简单方法参见 1.4.1 节。

2. 使用 pip

使用 pip 命令的一般格式如下。

```
pip <子命令> [可选参数]
```

其中,子命令是必须要有的,用于控制执行具体的操作;可选参数不是必需的。

pip 常用的子命令有以下 4 个。

(1) list 子命令。

该子命令不带参数时,作用是列表显示已经安装到本机的第三方库的情况。

使用不带参数的 list 子命令的运行效果如图 8-1 所示。其中,第 1 列显示的是库名称,第 2 列显示的是版本信息。

```
C:\Users\Dell>pip list
Package                   Version
-------------             -------
altgraph                  0.17.2
cycler                    0.11.0
fonttools                 4.31.2
future                    0.18.2
imageio                   2.16.1
jieba                     0.42.1
kiwisolver                1.4.0
matplotlib                3.5.1
numpy                     1.22.3
packaging                 21.3
pefile                    2021.9.3
Pillow                    9.0.1
pip                       20.2.3
pyinstaller               4.10
```

图 8-1 使用不带参数的 list 子命令的运行效果

当 list 带可选参数-o 时,其作用是列表显示安装到本机的已经过时的第三方库的情况,也就是说有更新版本可以下载安装的库的信息。

使用带参数的 list 子命令的运行效果如图 8-2 所示。其中,第 1 列显示的是库名称,第 2 列显示的是当前版本信息,第 3 列显示的是可以更新的版本信息,第 4 列显示的是可以下载的安装包的类型。

```
C:\Users\Dell>pip list -o
Package                   Version    Latest    Type
-------------             -------    ------    ----
fonttools                 4.31.2     4.34.4    wheel
imageio                   2.16.1     2.21.1    wheel
kiwisolver                1.4.0      1.4.4     wheel
matplotlib                3.5.1      3.5.2     wheel
numpy                     1.22.3     1.23.1    wheel
pefile                    2021.9.3   2022.5.30 sdist
Pillow                    9.0.1      9.2.0     wheel
pip                       20.2.3     22.2.2    wheel
pyinstaller               4.10       5.3       wheel
pyinstaller-hooks-contrib 2022.3     2022.8    wheel
pyparsing                 3.0.7      3.0.9     wheel
setuptools                49.2.1     63.4.2    wheel
wordcloud                 1.8.1      1.8.2.2   wheel
```

图 8-2 使用带-o 参数的 list 子命令的运行效果

（2）show 子命令。

该命令的使用格式如下。

```
pip show 库名称
```

其作用是显示指定库的信息。如果指定的库不存在，系统将输出库不存在信息。如果指定的库存在，就列表显示该库的相关信息，包括版本、摘要、资源网址、作者、作者联系方式、本地存储位置等。

使用 show 子命令的运行效果如图 8-3 所示。

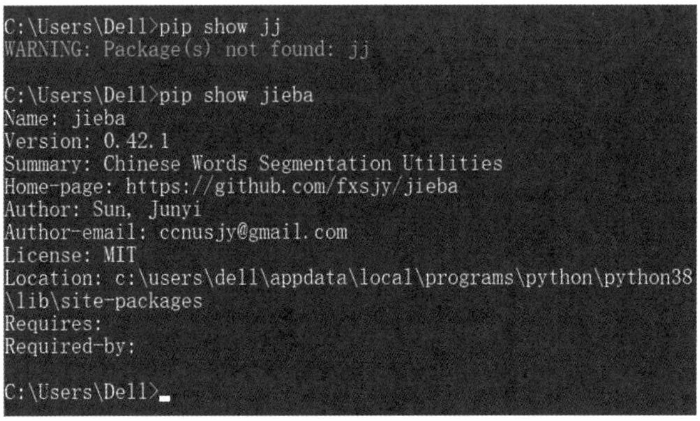

图 8-3　使用 show 子命令的运行效果

（3）uninstall 子命令。

该命令的使用格式如下。

```
pip uninstall 库名称
```

其作用是卸载指定的第三方库。如果指定的库不存在，系统将输出库没有安装的信息。如果指定的库存在，就提示是否要卸载的信息，输入"y"后按回车键，系统从本地卸载该库，并输出卸载成功信息。

使用 uninstall 子命令的运行效果如图 8-4 所示。

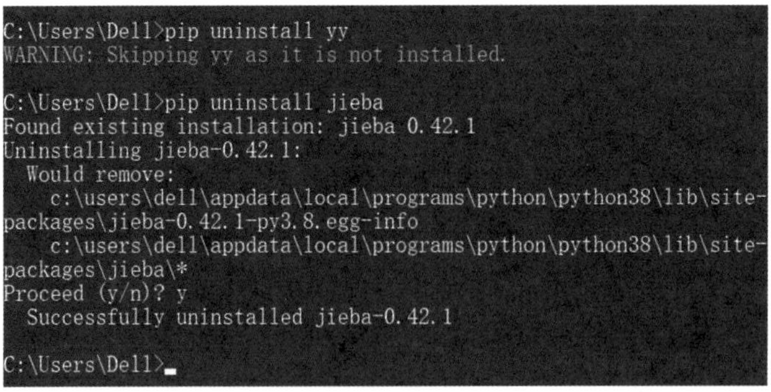

图 8-4　使用 uninstall 子命令的运行效果

（4）install 子命令。

该命令的使用格式如下。

```
pip install 库名称
```

其作用是自动连接远程资源网站下载和安装指定的第三方库。如果下载和安装过程中出现异常情况，系统会给出相关提示信息。如果下载和安装正常，系统会提示安装成功的信息。

使用 install 子命令安装 jieba 库的效果如图 8-5 所示。

```
C:\Users\Dell>pip install jieba
Collecting jieba
  Using cached jieba-0.42.1.tar.gz (19.2 MB)
Using legacy 'setup.py install' for jieba, since package 'wheel' i
s not installed.
Installing collected packages: jieba
    Running setup.py install for jieba ... done
Successfully installed jieba-0.42.1
```

图 8-5　使用 install 子命令安装 jieba 库的运行效果

有关上述 4 个子命令的使用情况，视频 8.1 中以实操方式进行了详细演示。介绍 install 子命令时，结合后面要用到的 4 个第三方库——pyinstaller、jieba、imageio、wordcloud，详细介绍了它们的下载与安装过程。

 3 个常用第三方库

8.2.1　pyinstaller 库

1. 概述

Python 程序是由一个或多个扩展名为.py 的程序文件组成的，此类文件必须在安装了 Python 的环境下才可以运行。如果想让 Python 源程序脱离开发环境运行，就必须把它转换成扩展名为.exe 的可执行文件。把 Python 源程序文件转换成扩展名为.exe 的可执行文件的过程叫作打包。

pyinstaller 库是实现把.py 类型的源程序打包成.exe 类型的可执行程序的工具。和 pip 命令类似，pyinstaller 也必须直接在命令行使用。使用该命令之前一定要先把当前路径设置为.py 文件所在的位置。

在 Windows 环境下，改变路径的常用命令如表 8-1 所示。

表 8-1　改变路径的 3 个常用命令

命　　令	作　　用
盘符：	进入指定盘符的根目录
cd\	回到当前盘符的根目录
cd 路径	把 cd 后的路径作为当前路径

若有图 8-6(a)所示的文件目录结构,假设要打包的文件位于 pack 目录下的 6-11 目录下的 1 目录中,那么把该目录设置为当前目录的操作过程如图 8-6(b)所示。

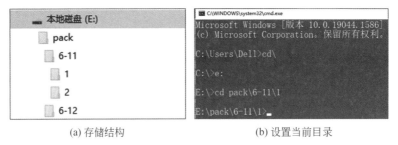

(a) 存储结构　　　　　　　　(b) 设置当前目录

图 8-6　把指定目录设置为当前目录

有关路径的知识在 7.1.1 节中介绍过,与之前不同的是,这里说的路径,文件夹与文件夹之间的分隔符可以使用(\)代替(\\)。

2. 打包单个程序文件

使用 pyinstaller 既可以对单个程序文件打包,也可以对多个程序文件打包。

对单个文件打包的常用语法格式如下。

```
pyinstaller -F 程序文件名
```

假设源程序文件 6-11.py 的存放位置为"e:\\pack\\6-11\\1",对该程序文件打包时,在命令窗口输入的命令格式及运行情况如图 8-7 所示。可以看到,输入命令之前,已经把路径设置到了"e:\\pack\\6-11\\1"。

```
E:\pack\6-11\1>pyinstaller -F 6-11.py
72 INFO: PyInstaller: 4.10
72 INFO: Python: 3.8.9
73 INFO: Platform: Windows-10-10.0.19041-SP0
73 INFO: wrote E:\pack\6-11\1\6-11.spec
75 INFO: UPX is not available.
79 INFO: Extending PYTHONPATH with paths
['E:\\pack\\6-11\\1']
222 INFO: checking Analysis
222 INFO: Building Analysis because Analysis-00.toc is non existent
222 INFO: Initializing module dependency graph...
224 INFO: Caching module graph hooks...
234 INFO: Analyzing base_library.zip ...
1895 INFO: Processing pre-find module path hook distutils from 'c:\\users\\dell\
\appdata\\local\\programs\\python\\python38\\lib\\site-packages\\PyInstaller\\ho
oks\\pre_find_module_path\\hook-distutils.py'.
1896 INFO: distutils: retargeting to non-venv dir 'c:\\users\\dell\\appdata\\loc
al\\programs\\python\\python38\\lib'
3546 INFO: Caching module dependency graph...
3689 INFO: running Analysis Analysis-00.toc
3689 INFO: Adding Microsoft.Windows.Common-Controls to dependent assemblies of f
```

图 8-7　使用 pyinstaller 打包单程序文件的命令及运行情况

打包结束后,在程序所在位置默认生成了 3 个名字为__pycache__、build 和 dist 的文件夹和一个名字为 6-11.spec 的文件,如图 8-8(a)所示。打包生成的可执行程序存放在 dist 文件夹中,它的名字和源程序文件的名字相同,如图 8-8(b)所示。

默认情况下,打包生成的可执行文件的图标是一个带蟒蛇的磁盘图标。可以通过设置-

(a) 文件与文件夹　　　　　　　　　(b) 可执行文件

图 8-8　打包单文档程序生成的文件夹及文件情况

i 参数为打包的可执行程序指定一个个性化的图标。

指定图标的语句格式如下。

```
pyinstaller -i 图标文件名 -F 文件名
```

需要注意以下 2 点：

- 图标文件必须是扩展名为.ico 的文件类型
- 图标文件与打包的程序文件必须放在同一个目录下。

假设要打包的程序文件 6-11.py 和图标文件 clock.ico 都存放在了"e:\\pack\\6-11\\2"
路径下，如图 8-9 所示。

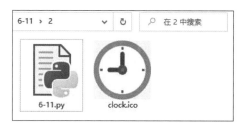

图 8-9　要打包单的源程序文件和图标文件

对 6-11.py 进行打包并指定图标为 clock.ico 的命令和执行情况如图 8-10 所示。图中
使用白色背景标出的是输入的命令行。

```
C:\Users\Dell>cd\
C:\>e:
E:\>cd pack\6-11\2
E:\pack\6-11\2>pyinstaller -iclock.ico -F 6-11.py
474 INFO: PyInstaller: 4.10
474 INFO: Python: 3.8.9
475 INFO: Platform: Windows-10-10.0.19041-SP0
477 INFO: wrote E:\pack\6-11\2\6-11.spec
480 INFO: UPX is not available.
487 INFO: Extending PYTHONPATH with paths
['E:\\pack\\6-11\\2']
775 INFO: checking Analysis
775 INFO: Building Analysis because Analysis-00.toc is non existent
776 INFO: Initializing module dependency graph...
778 INFO: Caching module graph hooks...
820 INFO: Analyzing base_library.zip ...
3912 INFO: Processing pre-find module path hook distutils from 'c:\\users\\dell\
\appdata\\local\\programs\\python\\python38\\lib\\site-packages\\PyInstaller\\ho
oks\\pre_find_module_path\\hook-distutils.py'.
```

图 8-10　指定图标文件的命令及执行情况

打包结束后生成的文件夹和文件情况如图 8-11 所示。可以看到,生成的可执行文件 6-11.exe 的图标设置成了钟表的图标。

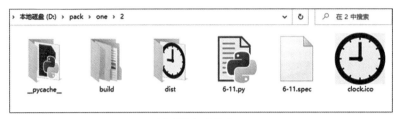

(a) 文件与文件夹

(b) 可执行文件

图 8-11   打包并设置图标生成的文件夹及文件情况

3. 打包多个程序文件

对多个文件打包的常用语法格式如下。

```
pyinstaller -F 程序文件名 1 -p 程序文件名 2 ... -p 程序文件名 n
```

默认情况下,打包生成的可执行程序文件的名字与左边第一个程序文件的名字相同,图标也是系统默认的图标。如果要改变图标,和对单个文件打包的方法一样,可以通过参数-i 后跟图标文件名设置。打包的所有程序文件以及图标文件必须位于同一个目录下。

假设 6.5.2 节中介绍的【实例 6-2】的程序存放在"e:\\pack\\6-12"的位置,如图 8-12 所示。其中包含了 3 个源程序文件 main.py、draw.py、menu.py 以及一个图标文件 pic.ico。

图 8-12   打包多文档的源程序文件和图标文件

对该程序进行打包并设置图标的命令及执行情况如图 8-13 所示。图中使用白色背景标出的是输入的命令行。

打包结束后生成的文件夹和文件情况如图 8-14 所示。可以看到,生成的可执行文件也是在 dist 文件夹中,名字为 main.exe,与命令行左边第一个程序文件 main.py 的名字相同。程序图标设置成了 pic.ico 的样式。

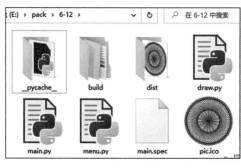

图 8-13 使用 pyinstaller 打包多文档程序的命令及运行情况

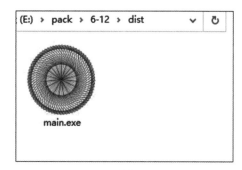

(a) 文件与文件夹   (b) 可执行文件

图 8-14 打包多文档程序生成的文件夹及文件情况

使用 pyinstaller 库的方法,视频 8.2.1 中有详细演示。

8.2.2 jieba 库

扫一扫

jieba 库是由我国百度公司的一名工程师开发的一款优秀的第三方开源库。它在 GitHub 上很受欢迎,使用频率也很高。jieba 最流行的应用是分词,使用它可以对中英文文本进行切分,形成词语。安装 jieba 库后就可以和标准库一样在程序中使用它。

jieba 库中最常用的函数是 lcut,用来对文本进行分词。该函数有以下两种使用格式。

格式 1:lcut(s)

该格式是对 *s* 按精准模式进行分词,生成一个没有冗余的分词列表。

格式 2:lcut(s,cut_all=True)

该格式比第一种格式多了一个参数 cut_all。若设置 cut_all 为 True,则是对 *s* 按全模式进行分词,生成一个有冗余的分词列表。

使用 lcut 函数进行分词的程序示例,如图 8-15 所示。

```
File  Edit  Format  Run  Options  Window  Help
1  #使用jieba库进行分词
2
3  import jieba #引入jieba库
4
5  s="中华人民共和国是一个伟大的国家"
6
7  words1=jieba.lcut(s)                    #精准模式分词
8  words2=jieba.lcut(s,cut_all=True)      #全模式分词
9
10  print(words1)
11  print(words2)
12
```

(a) 程序代码

```
Building prefix dict from the default dictionary ...
Loading model from cache C:\Users\Dell\AppData\Local\Temp\jieba.cache
Loading model cost 0.535 seconds.
Prefix dict has been built successfully.
['中华人民共和国', '是', '一个', '伟大', '的', '国家']
['中华', '中华人民', '中华人民共和国', '华人', '人民', '人民共和国',
'共和', '共和国', '国是', '一个', '伟大', '的', '国家']
>>>
```

(b) 运行效果

图 8-15　使用 lcut 函数进行分词的程序示例

在上面的程序中,第 3 行是引入 jieba 库的语句。第 7 行调用 lcut 函数对 s 进行精准分词,结果存到了变量 words1 中。第 8 行调用 lcut 函数对 s 进行全模式分词,结果存到了变量 words2 中。第 10 行和第 11 行是输出 words1 和 words2 的语句。从运行结果可以看出,words1 和 word2 都是列表类型,前者的各个元素之间的数据没有交叠,即没有冗余,而后者元素与元素之间的数据有交叠,即存在冗余。在实际编程中,前者比后者更常用。

8.2.3　wordcloud 库

1. 概述

wordcloud 库是用来生成词云的工具。词云是当前十分流行的一种应用。它是以词语为基本单位,根据词语出现的频率不同形成不同大小、不同颜色的关键词云层,用更加直观和艺术的手段来展示文本信息。

3 个使用词云的图例如图 8-16 所示。

图 8-16　3 个词云图例(见彩页)

2. 生成简单词云

wordcloud 库通过创建 WordCloud 对象来生成词云。WordCloud 对象有以下两个重

要方法。

（1）generate 方法。

generate 方法的调用格式如下。

```
WordCloud.generate(s)
```

该方法的作用是向 WordCloud 对象中加载参数 s 中的文本。

这里要求 s 中的文本必须以空格进行分隔。通常情况下，在把指定文本传递给 generate 之前，需要先使用 jieba 进行分词处理，然后再使用 2.4.3 节介绍过的字符串拼接方法 join 生成使用空格隔开的字符串。

（2）to_file 方法。

to_file 方法的调用格式如下。

```
WordCloud.to_file(f)
```

该方法的作用是把生成的词云存储到指定图像文件 f 中。f 的类型可以是.jpg 或.png 格式。

把指定内容的中文文本生成简单词云的程序示例如图 8-17 所示。

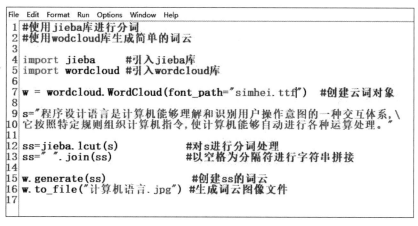

图 8-17　生成简单词云的程序示例

在该程序中，第 4 行和第 5 行是引入 jieba 库和 wordcloud 库的语句。第 7 行创建了一个 WordCloud 对象 w，通过参数名传值方式，把该对象的字体设置为"simhei.ttf"，也就是生成词云使用的字体。第 9～10 行是定义变量 s，并给它进行了赋值，它存了一个较长的字符串，所以中间使用反斜杠（\）进行了续行。第 12 行调用 jieba 库的 lcut 函数对 s 进行精准切分，结果存到了 ss 中。第 13 行调用字符串拼接方法 join，把 ss 中的各个元素使用"空格"拼接成了一个新串，重新赋值给了 ss。第 15 行调用 w 对象的 generate 方法加载了 ss 中的内容。第 16 行调用 w 对象的 to_file 方法，把生成的词云存到了图片文件"计算机语言.jpg"中。图片文件"计算机语言.jpg"打开的效果如图 8-18 所示。

3. 生成复杂词云

上面介绍的是使用 WordCloud 对象的默认设置生成简单云图的方法。事实上，通过设

图 8-18　生成词云图片的内容（见彩页）

置该对象的属性可以改变生成词云的形状、尺寸和颜色等，以此来生成更加复杂的个性化云图。

WordCloud 对象的有关属性及作用如表 8-2 所示。

表 8-2　WordCloud 对象的属性及作用

属　　性	作　　用
width	生成图片的宽度，默认为 400 像素
height	生成图片的高度，默认为 200 像素
min_font_size	指定词云中字体的最小字号，默认为 4 号
max_font_size	指定词云中字体的最大字号，系统自动调节
max_words	指定词云显示的最大单词数量，默认为 200
mask	指定词云形状，默认为长方形
background_color	指定词云图片的背景颜色，默认为黑色

【实例 8-1】　使用文本文件 Alice.txt 中的内容生成图片 Alice.png 指定形状的复杂云图。文件内容与图片样式如图 8-19 所示。

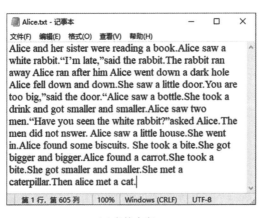

Alice.png

(a) 文件内容　　　　　　　　　　　　　(b) 样式图片（见彩页）

图 8-19　文件内容与图片样式

为了实现这个程序,需要做以下两方面的准备工作。

- 下载和安装 imageio 库。
- 准备好格式为.png 的图片文件,并把它和文本文件、程序文件放在一个目录下。

该程序实现的完整代码和运行效果如图 8-20 所示。

```
File  Edit  Format  Run  Options  Window  Help
1 #生成复杂词云程序
2
3 import wordcloud    #引入wordcloud库
4 import imageio       #引入imageio库
5
6 #按照指定格式,加载指定图片文件作为词云形状
7 img = imageio.imread("Alice.png", pilmode="CMYK")
8
9 f = open("Alice.txt", "r")       #打开指定文件
10 txt = f.read()                   #读取文件内容
11 f.close()                        #关闭文件
12
13 #创建带指定参数的词云对象w
14 w = wordcloud.WordCloud(\
15         font_path="LATINWD.TTF", \
16         background_color="white", \
17         width = 800, \
18         height = 600, \
19         max_words = 200, \
20         max_font_size = 80, \
21         mask=img, \
22         )
23
24 w = w.generate(txt)              #生成词云
25 w.to_file("AliceWord.png")       #把生成的词云存储到指定文件
26
```

AliceWord.png

(a) 程序代码   (b) 词云图片(见彩页)

图 8-20 【实例 8-1】的程序代码和生成的词云图片

在该程序中,第 3 行和第 4 行分别引入了 wordcloud 库和 iamgeio 库。第 7 行调用 iamgeio 库的 imread 函数,把用作词云形状的图片加载到变量 img 中,这里的参数 pilmode 必须为 CMYK 格式,否则生成的词云形状就会失败。第 9~11 行是对文件内容进行读取的 语句,把文件 alice.txt 的内容存到了变量 txt 中。第 14~22 行是创建带参数词云对象 w 的 语句。请注意,它实质上是一条语句,因为该语句太长,所以在其内部使用了反斜杠(\)续 行。其中,第 15 行设置了词云的字体。第 16 行设置了背景色为白色。第 17 行和第 18 行 设置了词云宽度、高度分别为 800 和 600 像素。第 19 行设置了最多显示词语数量为 200 个。第 20 行设置了最大字体为 80。第 21 行设置了词云形状为前面加载的图像 img。第 24 行通过调用 w 对象的 generate 方法生成词云。最后一行是把生成的词云存储到了图片 文件"AliceWord.png"中。可以看到,生成的词云形状和给定图片"Alice.png"的形状是一 致的。

8.3 习题与上机编程

一、单项选择题

1. 下列关于 pip 工具的描述,错误的是_____。

    A) pip 是 Python 内部的一个命令

    B) pip 是伴随 Python 的安装自动安装的

C）pip 可以用来管理第三方库

D）pip 自身是不可以更新的

2. 下列给出的选项中，用于安装第三方库的 pip 子命令是________。

A）list　　B）install　　C）show　　D）uninstall

3. 下列用于对程序进行打包的第三方库是________。

A）pyinstaller　　B）jieba　　C）iamgeio　　D）wordcloud

4. 若在命令行执行：

```
…>pyinstaller -F p1.py -p p2.py -p3.py
```

则生成的可执行文件的名字是________。

A）main.exe　　B）p1.exe　　C）p2.exe　　D）p3.exe

5. 以下决定了 WordCloud 对象生成云此形状的属性是________。

A）width　　B）height　　C）mask　　D）ico

二、判断题

1. pip 是 Python 中的一个命令。（　　）

A）√　　B）×

2. Python 源程序不可以在未安装 Python 的环境下独立运行。（　　）

A）√　　B）×

3. pyinstaller 库负责把.py 源程序压缩到一个包里。（　　）

A）√　　B）×

4. 使用 jieba 库精准模式分词时，各分词的长度之和等于实施分词的文本长度。（　　）

A）√　　B）×

5. wordcloud 库是以更加直观和艺术的形式展示文本信息。（　　）

A）√　　B）×

三、使用 IDLE 文件执行方式编程

若文件 jianghua.txt 里面存储了习近平总书记在全国教育大会上的一段讲话，如图 8-21 所示。

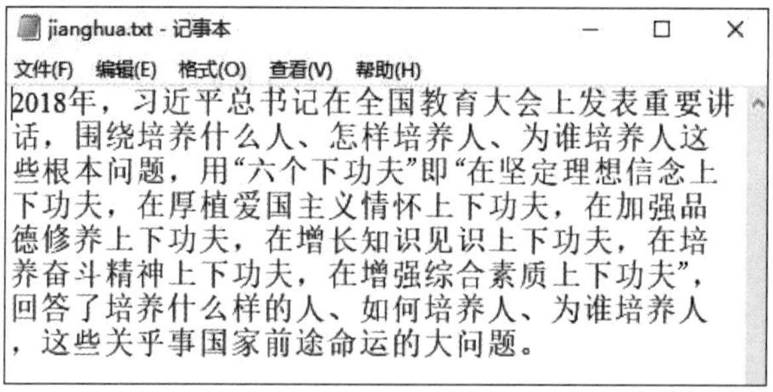
jianghua.txt - 记事本
文件(F) 编辑(E) 格式(O) 查看(V) 帮助(H)
2018年，习近平总书记在全国教育大会上发表重要讲话，围绕培养什么人、怎样培养人、为谁培养人这些根本问题，用“六个下功夫”即“在坚定理想信念上下功夫，在厚植爱国主义情怀上下功夫，在加强品德修养上下功夫，在增长知识见识上下功夫，在培养奋斗精神上下功夫，在增强综合素质上下功夫”，回答了培养什么样的人、如何培养人、为谁培养人，这些关乎事国家前途命运的大问题。

图 8-21　jianghua.txt 文件内容

请利用文件中的内容生成词云，结果保存到图片文件 jianghua.png 中，如图 8-22 所示。

图 8-22 生成词云图片的内容

　　提示：读取文件中的内容后，需要先去掉所有标点符号，之后再使用 jieba 进行精准分词。

附录　课后习题参考答案

第1章　Python 初步

一、单项选择题

1. C　2. C　3. D　4. C　5. D　6. D　7. B　8. C　9. A　10. D　11. D　12. A

二、判断题

1. B　2. A　3. A　4. B　5. B　6. A　7. A　8. A　9. B　10. B

三、使用 IDLE 命令交互方式编程

1.

```
>>>10-5
5
>>>8+3
11
>>>x=10
>>>x+5
15
>>>x*2
20
```

2. 在命令交互方式下,所输入的每一条语句能立即执行和输出结果。退出 IDLE 后输入的代码就会消失,无法再次运行。这种方法比较适合语法的练习,验证一些编程的思路或者调试小的程序。

四、使用 IDLE 文件执行方式编程

略。

第2章　简单程序设计

一、单项选择题

1. C　2. A　3. D　4. B　5. B　6. A　7. C　8. C　9. B　10. B
11. D　12. C　13. B　14. C　15. A　16. C　17. C　18. D　19. C　20. C
21. C　22. B　23. B　24. A　25. D

二、判断题

1. A　2. A　3. B　4. B　5. A　6. B　7. A　8. A　9. B　10. A
11. B　12. B　13. B　14. B　15. A

三、应用题

1.（1）−72　（2）3.5　（3）4

2.（1）−2　（2）1　（3）−27

3.（1）'++'　（2）'123456'　（3）True

4.（1）'y'　（2）'n'　（3）'yt'　（4）'ho'　（5）'ho'

5. (1) 'b' (2) '3' (3) 'b1' (4) '12' (5) ''

四、使用 IDLE 命令交互方式编程

1.

```
>>>x=(3**4+5-6*7)/8
>>>x
结果是:5.5
```

2.

```
>>>a=5
>>>b=6
>>>c=7
>>>p=(a+b+c)/2
>>>s=(p*(p-a)*(p-b)*(p-c))**0.5
>>> print(p,s)
结果是 9.0 14.696938456699069
```

四、使用 IDLE 命令交互方式编程

略。

五、使用 IDLE 文件执行方式编程

略。

第3章　分支程序设计

一、单项选择题

1. D　2. B　3. A　4. D　5. D　6. B　7. D　8. C　9. C　10. A

二、判断题

1. A　2. A　3. B　4. B　5. B

三、使用 IDLE 命令交互方式编程

1.

```
>>>x=-1;y=10
>>> print("两个数的最大值是:", x if x>y else y)
结果是:两个数的最大值是: 10
```

2.

```
>>>y=1988
>>> print(y,"闰年") if y%4==0 and y%100!=0 or y%400==0  else print(y,"不闰年")
结果是:1988 闰年
```

四、使用 IDLE 文件执行方式编程

略。

第4章　循环程序设计

一、单项选择题

1. D　2. C　3. B　4. B　5. B　6. B　7. A　8. C　9. B　10. B

二、判断题

1. A　2. A　3. B　4. B　5. A

三、应用题

1. (1) break　(2) f＝1　(3) range(1,n＋1)　(4) "{}! ＝{}". format(n,f)

2. (1) n＝""　(2) ch in s　(3) "0"＜＝ch＜＝"9"　(4) int(n)

3.

```
#统计字母的个数
s=input("请输入： ")
n=0
i=0
#统计数字字符个数
while i<len(s):
    if "a"<=s[i]<="z" or "A"<=s[i]<="Z":
        n+=1
    i+=1
else:
    print("字母的个数是:",n)
```

四、使用 IDLE 命令交互方式编程

1.

(1)

```
>>>range(1,11)
结果是:range(1, 11)
```

(2)

```
>>>range(10,0,-1)
结果是:range(10,0,-1)
```

(3)

```
>>> range(1,11,2)
结果是:range(1,11,2)
```

2.

```
>>>import random
```

(1)

```
>>>random.randint(1,10)
结果是:9
```

(2)

```
>>> random.uniform(1,2)
结果是:1.3022552954777118
```

(3)

```
>>>pw="abc123DEF"
>>>random.choice(pw)+ random.choice(pw) + random.choice(pw)
结果是:'1aE'
```

(4)

```
>>> citys=["大连","沈阳","鞍山"]
>>>random.shuffle(citys)
>>>citys
结果是:['沈阳','大连','鞍山']
```

五、使用 IDLE 文件执行方式编程

略。

第5章 组合数据类型及其应用

一、单项选择题

1.A 2.C 3.A 4.D 5.B 6.A 7.A 8.B 9.A 10.C

11.B 12.C 13.B 14.A 15.A

二、判断题

1.A 2.A 3.B 4.B 5.B 6.B 7.B 8.A 9.A 10.B

三、应用题

1.(1) 2   (2) 2   (3)(1,2)   (4)(2,(1,2))   (5) 4   (6) 2

2.(1) 2   (2)[2,3]   (3) 2   (4) 4   (5) 2   (6) 1

四、使用 IDLE 命令交互方式编程

1.

(1)

```
>>>l=[]
```

(2)

```
>>>from random import *
>>>l.append(randint(1,100)); l.append(randint(1,100))
```

（3）

```
>>>l.sort(reserve=True)
```

（4）

```
>>>l.pop()
```

（5）

```
>>>l.clear()
```

（6）

```
>>>l.append(choice(l2)+choice(l2))
```

2.
（1）

```
>>>d={"数学":78,"语文":96}
```

（2）

```
>>> d["数学"]=87
```

（3）

```
>>> d["英语"]=91
```

（4）

```
>>> del d["语文"]
```

五、使用 IDLE 文件执行方式编程
略。

第6章 函数及其应用

一、单项选择题
1. A　2. C　3. D　4. A　5. D　6. A　7. D　8. B　9. C　10. C
11. C　12. C　13. A　14. D　15. D
二、判断题
1. A　2. A　3. B　4. B　5. B　6. A　7. B　8. A　9. A　10. B
三、使用 IDLE 命令交互方式编程
1.

```
>>>from time import *
>>>t=localtime()
```

```
>>>##(1)输出"当前日期:**年**月**日"。
>>> print(str(t[0])+"年"+ str(t[1])+"年"+ str(t[2])+"日")
>>>##(2)输出"当前时间:**:**:**"。
>>> print(str(t[3])+":"+ str(t[4])+":"+ str(t[5]))
>>>##(3)输出"今天是:星期**"。
>>>print("今天是:星期"+str(t[6]+1))
```

2.

```
>>> import turtle as t
>>> t.fd(200)
>>> t.seth(120)
>>> t.fd(200)
>>> t.seth(240)
>>> t.fd(200)
```

四、使用 IDLE 文件执行方式编程
略。

第 7 章　文件及其应用

一、单项选择题
1. C　2. A　3. C　4. C　5. A　6. B　7. D　8. C
二、判断题
1. A　2. A　3. B　4. B　5. A
三、使用 IDLE 文件执行方式编程
略。

第 8 章　使用第三方库

一、单项选择题
1. D　2. B　3. A　4. B　5. C
二、判断题
1. A　2. A　3. B　4. A　5. A
三、使用 IDLE 文件执行方式编程
略。